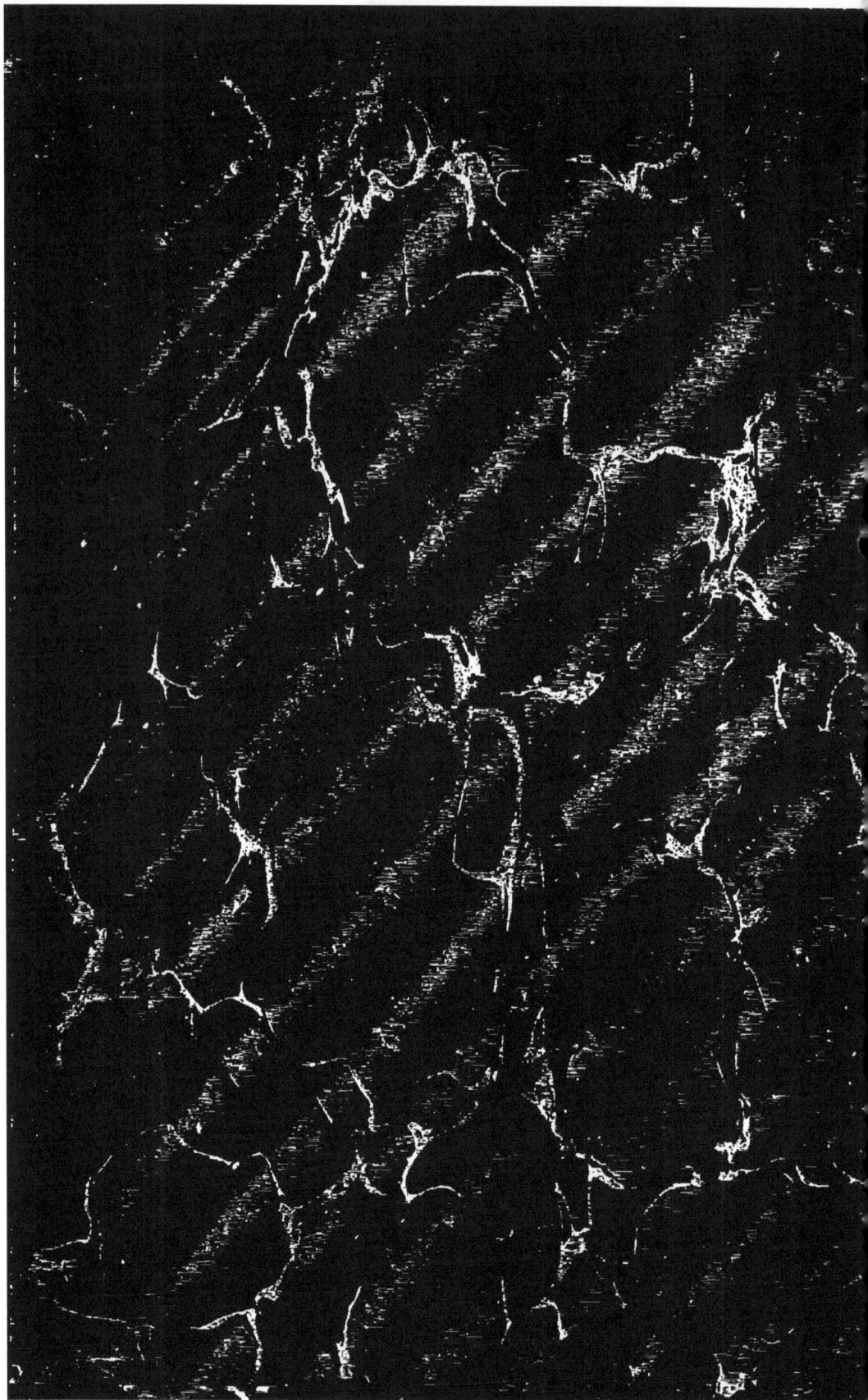

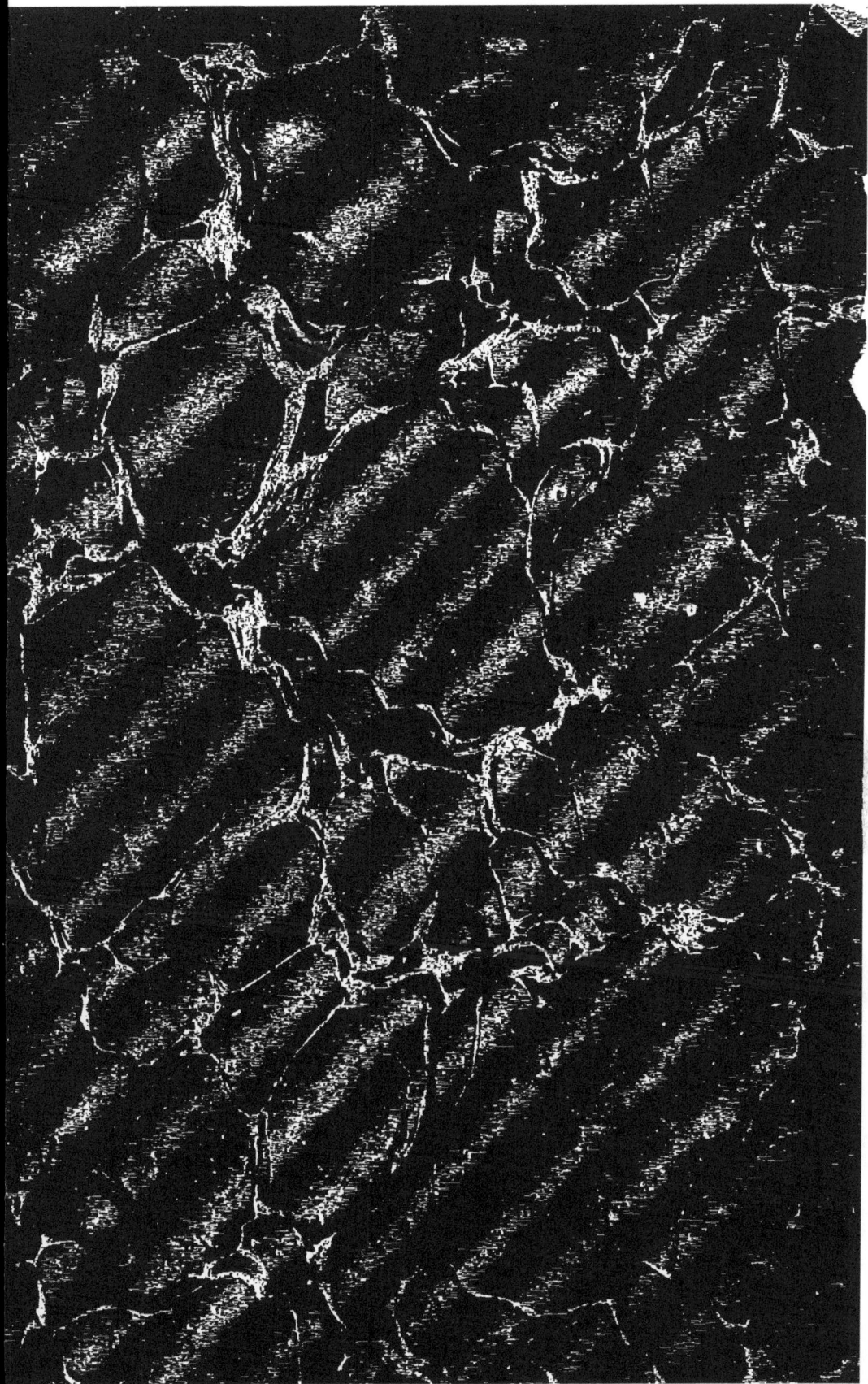

DANS L'AIR

Il a été tiré de cet ouvrage

50 exemplaires numérotés sur vélin japonais

bleu clair.

ALBERTO SANTOS-DUMONT

A. SANTOS-DUMONT

DANS L'AIR

Ouvrage orné de nombreuses illustrations et des épures
exécutées par Santos-Dumont,
pour ses différents dirigeables.

PARIS

Librairie CHARPENTIER et FASQUELLE

EUGÈNE FASQUELLE, ÉDITEUR

11, RUE DE GRENELLE, 11

—

1904

DANS L'AIR

INTRODUCTION

SOUS FORME DE FABLE

RAISONNEMENTS D'ENFANTS

Deux jeunes Brésiliens se promenaient à l'ombre
en causant, — deux naïfs garçonnets de l'intérieur,
ignorant tout sinon la richesse des plantations
primitives où nulle de ces inventions faites pour
soulager l'effort du travailleur n'avait encore troublé la Nature, qui y donnait ses fruits à l'homme
au prix de la sueur de son front.

Telle était leur ignorance des machines, qu'ils
n'avaient jamais vu ni une charrette, ni une
brouette. Chevaux et bœufs transportaient sur

1

leur dos les objets nécessaires à la vie de la plantation, tandis que de placides laboureurs indiens
la faisaient valoir par la houe et la pelle.

C'étaient des gamins réfléchis. Les choses dont
ils discutaient en ce moment dépassaient de beaucoup celles qu'ils avaient pu voir ou entendre.

— Pourquoi ne pas trouver un meilleur mode
de transport que le dos des chevaux et des bœufs?
disait Luis. L'été dernier, j'attelai des chevaux à
une porte de grange : sur la porte, je chargeai des
sacs de maïs; et je transportai de la sorte en un
chargement plus que dix chevaux n'auraient porté.
Il est vrai que j'eus besoin de sept chevaux pour
traîner la charge, et de deux hommes assis sur les
côtés pour l'empêcher de glisser.

— Que voulez-vous! répondait Pedro, tout se
compense dans la Nature. On ne tire pas quelque
chose de rien, ni plus de moins!

— Placez des rouleaux sous votre traîneau, et
une moindre force de traction vous sera nécessaire.

— Bah! les rouleaux se déplaceront, il faudra
les replacer, et nous perdrons à ce travail tout
ce que nous aurons gagné de force.

— Mais ces rouleaux, observait Luis, vous pourriez, en pratiquant un trou à leur centre, les assu-
jettir au traîneau sur certains points fixes. Ou
pourquoi n'adapteriez-vous pas des pièces de bois

circulaires aux quatre coins du traîneau? Regardez
donc, Pedro, sur la route, là-bas... qu'est-ce qui
nous arrive? Juste ce que j'imaginais, mais encore
mieux réalisé. Un seul cheval le tire, et à bonne
allure.

Une charrette fit halte, la première qui se fût
montrée dans cette région de l'intérieur; son con-
ducteur se mit à causer avec nos jeunes gens.

— Ces choses rondes, leur dit-il comme ils l'in-
terrogeaient, nous les appelons des roues.

Pedro mit du temps à en accepter le principe.

— Le procédé doit cacher quelque défaut, insis-
tait-il. Regardez autour de vous. La Nature em-
ploie-t-elle l'instrument que vous appelez roue?
Observez le mécanisme du corps humain. Observez
la structure du cheval. Observez...

— Observez que le cheval, l'homme et la charrette avec ses roues sont en train de nous planter
là..., interrompit Luis qui riait. Vous ne vous
rendez pas au fait accompli. Vous me fatiguez avec
vos appels à la Nature. Est-ce que l'homme a
jamais réalisé un vrai progrès qui ne fût une
victoire sur elle? N'est-ce pas lui faire violence
que d'abattre un arbre? J'irai plus loin dans cette
question de la charrette. Supposez un générateur
de force plus puissant que ce cheval...

— Vous attelez deux chevaux à la charrette.

— C'est d'une machine que je parle, dit Luis.

— D'un cheval mécanique aux jambes très puissantes?... suggéra Pedro.

— Non. Je voudrais une voiture motrice. Si je pouvais trouver une force artificielle, je la ferais agir sur un point dans chaque roue. Ainsi la charrette porterait elle-même son propulseur.

— Autant essayer de vous élever de terre en tirant sur vos cordons de souliers! railla Pedro. Écoutez, Luis. L'homme est sous la dépendance de certaines lois physiques. Le cheval, il est vrai, porte plus que son poids, mais la Nature même y a pourvu par la façon dont elle a organisé ses jambes. Eussiez-vous la force artificielle dont vous avez parlé, vous seriez tenu, dans son application, de vous conformer aux lois physiques. J'y suis! vous l'appliqueriez à de longues tiges qui pousseraient la charrette par derrière.

— C'est sur les roues que je tiens à faire porter la force.

— Par la nature des choses, vous aurez une perte d'énergie. Il vous est plus difficile de mouvoir une roue en faisant agir la force motrice sur l'intérieur de la circonférence qu'en la dirigeant directement sur l'extérieur, comme, par exemple, en poussant ou en traînant une charrette.

— Pour diminuer le frottement, je ferais courir

mon véhicule moteur sur des rails de fer bien
lisses. Ainsi la perte d'énergie serait compensée
par un gain de vitesse.

— Des rails de fer bien lisses! s'esclaffa Pedro...
Mais les roues patineraient à la surface. Il vous
faudrait munir de crans le bord de la circonférence,
et avoir des crans correspondants sur les rails; et
comment, avec cela, empêcheriez-vous la voiture
motrice de sortir des rails?

Nos jeunes gens avaient marché assez vite.
Un bruit aigu les fit tressaillir. Sous leurs yeux
s'allongeait la ligne d'un chemin de fer en construction, et d'entre les collines s'avançait, à
une vitesse qui leur parut énorme, un train de
service.

— C'est une avalanche! cria Pedro.

— Voilà la réalisation de mon rêve, dit Luis.

Le train stoppa. Une équipe d'ouvriers en des-
cendit; et tandis qu'ils se mettaient au travail sur
la ligne, le mécanicien, répondant aux questions
des deux garçonnets, leur expliquait le fonctionnement de sa machine.

Au retour, ils discutaient sur la merveille dont
ils venaient d'avoir la révélation.

— Que l'homme en appliquât l'usage aux ri-
vières, disait Luis, et il deviendrait le maître de
l'eau comme il l'est de la terre. Il suffirait d'inventer des roues qui eussent prise sur l'eau; on

les fixerait à un grand cadre, analogue au corps
d'une charrette, et la machine à vapeur les ferait
marcher sur la rivière.

— Vous dites des bêtises! s'exclama Pedro,
Est-ce qu'un poisson flotte à la surface? Dans
l'eau, nous devons voyager à la manière du poisson, non pas à la surface, mais dessous. Votre cadre,
rempli d'air léger, chavirerait au premier mouvement. Et vos roues, vous figurez-vous qu'elles
auraient prise sur un corps liquide?

— Que suggéreriez-vous donc?

— Ceci : que votre véhicule aquatique fût fait
d'une demi-douzaine de pièces articulées, de façon
à pouvoir se tortiller dans l'eau comme un poisson.
Un poisson navigue. Vous voulez naviguer : étu-
diez le poisson! Il y a des poissons qui se servent
d'ailerons propulseurs et de nageoires. Ainsi, vous
pourriez imaginer un système de larges palettes
qui battraient l'eau comme font nos pieds et nos
mains quand nous nageons. Mais ne parlez pas de
roue de charrette dans l'eau!

Ils se trouvaient, à présent, au bord d'une
grande rivière. Le premier bateau qui eût jamais
navigué dans ses eaux apparaissait au loin. Il
n'était encore pour nos jeunes gens qu'une forme
indistincte.

— C'est évidemment une baleine, dit Pedro.
Qu'est-ce qui navigue? Le poisson. Quel est le

poisson qu'on voit émerger à mi-corps lorsqu'il nage? La baleine. Voyez, il rejette de l'eau!

— Ce n'est pas de l'eau, mais de la vapeur ou de la fumée, opina Luis.

— En ce cas, c'est une baleine morte ; la vapeur est celle de la décomposition, qui la fait flotter très haut à la surface. Une baleine morte flotte très haut sur le dos.

— Eh bien, non ! dit Luis, c'est décidément une voiture d'eau à vapeur.

— Avec de la fumée produite par un feu intérieur, comme dans la locomotive?

— Oui.

— Mais le feu la brûlerait.

— C'est sans doute que le corps en est en fer, comme celui de la locomotive.

— Le fer coulerait. Jetez votre hache dans la rivière, et vous verrez.

Le steamer accosta tout près des jeunes gens. S'élançant vers lui, ils eurent la joie d'apercevoir sur le pont un vieil ami de leur famille, un planteur du voisinage.

— Venez, mes enfants, leur dit-il, que je vous fasse faire le tour du navire!

Ils inspectèrent longuement la machine; après quoi, avec leur vieil ami, ils allèrent s'asseoir sur l'avant, à l'ombre d'une tente.

— Pedro, dit Luis, les hommes n'inventeront-ils

pas quelque jour un bateau pour naviguer dans le ciel?

Le planteur, homme de bon sens, jeta un regard d'appréhension au gamin, dont le visage devint pourpre.

— Seriez-vous trop allé au soleil, Luis? interrogea-t-il.

— Oh! fit Pedro, le rassurant, il ne parle jamais qu'à la légère. C'est son plaisir.

— Non, mon garçon, dit le planteur, l'homme ne dirigera jamais un navire dans l'espace.

— Mais, s'obstina Luis, la veille de la Saint-Jean, quand nous allumons des feux, nous faisons bien monter dans le ciel de petites sphères de papier de soie gonflées d'air chaud. Si l'on trouvait le moyen d'en construire une très grande, assez grande pour soulever un homme, une voiture légère et un moteur, l'appareil entier ne pourrait-il être dirigé dans les airs, comme un vapeur est dirigé sur les eaux?

— Mon petit, ne dites pas de sottise! fit, avec vivacité, le vieil ami de la famille, comme le capitaine du navire s'approchait. Il était trop tard. Le capitaine avait entendu l'observation du jeune homme : loin de l'appeler une sottise, il la justifia.

— Le grand ballon que vous imaginez, dit-il, existe depuis 1783. Mais, bien que capable de porter un ou plusieurs hommes, il ne peut être

dirigé. Il est à la merci de la plus légère brise. Dès
1852, un ingénieur français du nom de Giffard
éprouvait un échec honorable dans sa tentative de
ballon dirigeable muni d'un moteur et d'un propulseur tels qu'en a rêvés Luis. Le plus clair résultat
de ses expériences fut de rendre évidente l'impos-
sibilité de diriger un ballon dans les airs.

— Il n'y aurait qu'une chose à faire, prononça
Pedro, catégorique : construire une machine sur
le modèle de l'oiseau.

— Pedro est un garçon de bon sens, observa le
vieux planteur. C'est dommage que Luis ne lui
ressemble pas davantage et se laisse un peu trop
aller à ses visions. Dites-moi, Pedro, quels motifs
ont bien pu vous déterminer en faveur de l'oiseau
contre le ballon ?

— Des motifs très simples, répondit Pedro, doucement. C'est d'une logique élémentaire. L'homme
vole-t-il ? Non. L'oiseau vole-t-il ? Oui. Si donc
l'homme veut voler, qu'il imite l'oiseau. La Nature
a fait l'oiseau ; et la Nature ne se trompe pas. Si
l'oiseau n'était qu'une grande poche d'air, j'aurais
peut-être songé au ballon.

— Parfaitement! s'écrièrent ensemble le capitaine et le planteur.

Mais Luis, assis dans son coin, murmurait, avec
l'incrédulité d'un Galilée :

— Il sera dirigeable !

M. HENRIQUE SANTOS-DUMONT

Père de M. ALBERTO SANTOS-DUMONT, fondateur des plantations de café au Brésil.

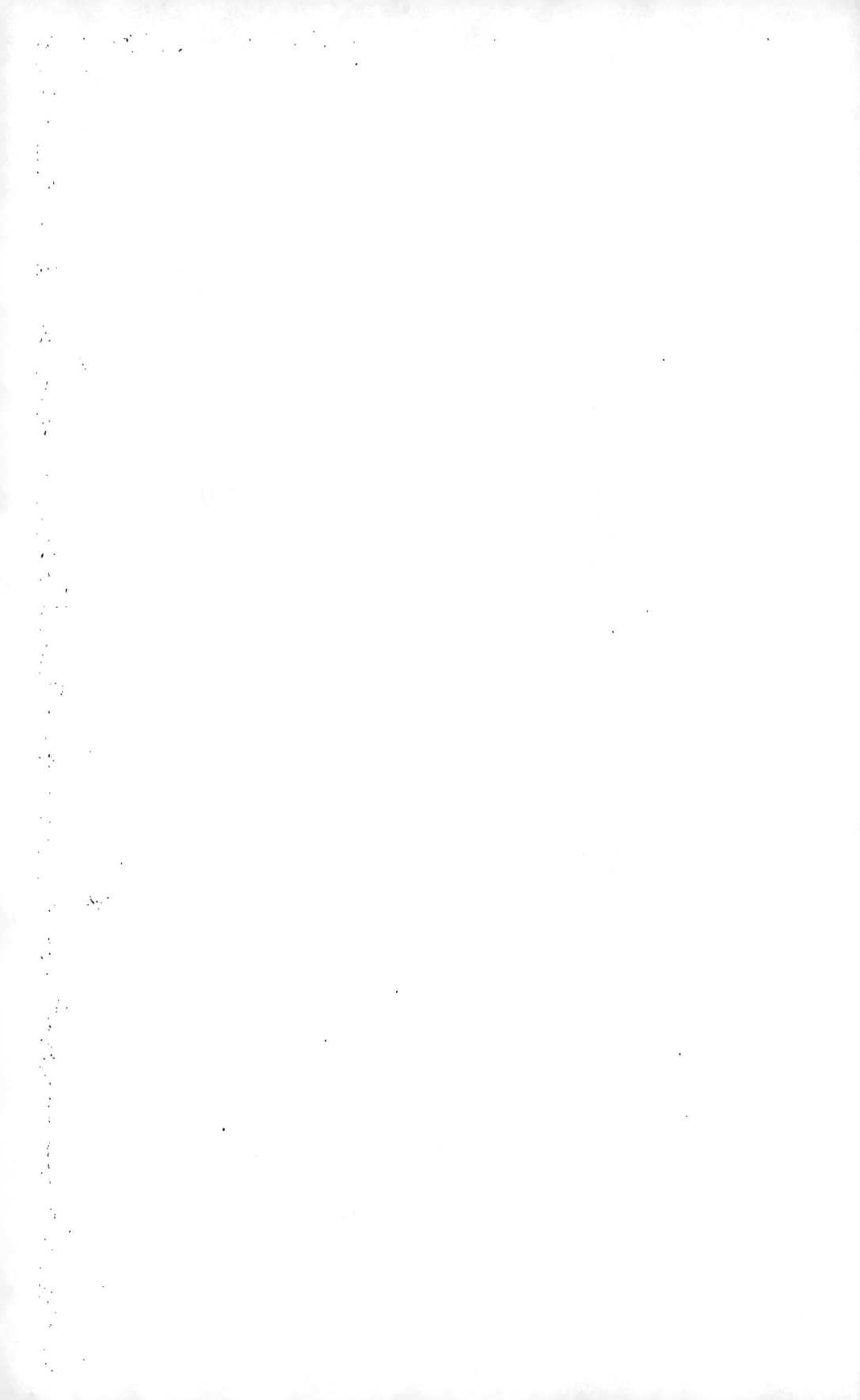

CHAPITRE PREMIER

UNE PLANTATION DE CAFÉ AU BRÉSIL

A la façon dont les partisans de la Nature m'ont donné l'assaut, on pourrait bien me reconnaître dans l'ignorant et chimérique Luis de cette fable. N'est-il pas entendu, en effet, que j'ai commencé mes expériences dans une égale ignorance de la mécanique et de l'aéronautique? Ces expériences, avant leur succès, n'étaient-elles pas jugées impossibles? Et la condamnation définitive du raisonnable Pedro ne continue-t-elle pas à peser sur moi?

Alors que j'ai conduit à ma volonté un navire dans le ciel, je m'entends encore opposer que les créatures volantes sont plus lourdes que l'air. Peu s'en faut qu'on ne me rende responsable des tragiques accidents survenus à d'autres qui, en mécanique et en aérostation, n'avaient pas mon expérience.

. Tout considéré, mieux vaut que ce récit commence à la plantation de café où je suis né en 1873. Les Européens se représentent les plantations brésiliennes sous le plaisant aspect de colonies primitives perdues dans l'immensité de la pampa, ne connaissant pas plus la charrette ni la brouette que la lumière électrique et le téléphone. Il y a, en effet, dans les régions reculées de l'intérieur, des colonies de cette sorte, où se font à dos de cheval et de bœuf les transports agricoles, où de placides Indiens manient la pelle et la houe. Je les ai traversées dans mes chasses. Mais telles n'étaient pas les plantations de café de Sao-Paolo.

On ne concevrait guère de milieu plus suggestif pour les imaginations d'un enfant qui rêve d'inventions mécaniques. A sept ans, j'avais déjà la permission de conduire les locomobiles aux larges roues employées chez nous pour les travaux des champs; à douze, j'avais conquis ma place sur les voitures des trains Baldwin qui desservaient, pour le transport des charges de café vert, les soixante milles de voie ferrée de la plantation. Tandis que mon père et mes frères aimaient s'en aller à cheval, plus ou moins loin, voir si l'on soignait les caféiers, si la récolte venait bien, si les pluies avaient causé des dommages, je préférais me sauver à l'usine et jouer avec les machines à café.

Je présume qu'en général on ne se fait aucune

Plantation de café de M. SANTOS-DUMONT au Brésil (Usines).

idée de la méthode toute scientifique qui préside à
l'exploitation d'une plantation brésilienne. Depuis
le moment où les grains verts, apportés par un
train, arrivent à l'usine, jusqu'à l'heure où le produit, prêt pour la consommation et trié, est em-
barqué sur des transatlantiques, pas une main
d'homme n'a touché au café.

On sait que les grains de café noir, quand ils
sont verts, sont... rouges. Au risque de compliquer
les choses, je dirai qu'ils ont l'air de cerises. Ils
sont déchargés par charretées dans le bâtiment
central de l'usine et précipités dans de grands
réservoirs où l'eau est continuellement renouvelée
et agitée. La boue laissée sur les grains par la
pluie, les petits graviers qui s'y sont mêlés dans
le transport, vont se déposer au fond; les grains
eux-mêmes, les débris de bois, les morceaux de
feuilles flottent à la surface et sont entraînés hors
du réservoir, au moyen d'une auge inclinée dont le
fond est percé d'innombrables petits trous. A travers ces trous, un peu d'eau tombe avec les grains,
tandis que les bois et les morceaux de feuilles con-
tinuent de flotter à la surface.

Voilà les grains devenus propres. Ils gardent
toujours leur couleur rouge, avec leur aspect et
leur grosseur de cerises. Cette couleur rouge, ils la
doivent à l'écorce dure qui les habille, et qu'on
nomme *polpa*. Chaque cosse renferme deux fèves;

2.

chaque fève est recouverte de sa peau. L'eau qui
tombe avec les grains les porte à une machine
appelée *despolpador*, qui broie la cosse extérieure
et délivre les fèves. De longs tubes dit « sécheurs »
reçoivent les fèves encore mouillées et vêtues de
leur peau ; elles y sont continuellement agitées
dans de l'air chaud.

Le café, étant très délicat, veut être traité avec
délicatesse. Une fois sèches, les fèves sont enle-
vées par les godets d'une chaîne élévatoire sans
fin, et, pour éviter tout danger d'incendie, elles
glissent le long d'une auge inclinée, jusqu'à un
autre bâtiment, qui est celui des machines.

La première machine est un ventilateur dans
lequel se trouvent, animés d'un mouvement de va
et vient, des tamis façonnés de telle sorte qu'ils
ne laissent passer que les seules fèves. Pas un
grain ne s'y perd, pas une impureté n'y demeure.
Le moindre caillou, le moindre débris de bois
qui passerait avec les fèves suffirait à briser la
machine qui les reçoit ensuite. Un second élévateur
à chaîne sans fin prend les fèves et, de la hauteur
où il les porte, elles tombent, le long d'une auge
inclinée, dans le *descascador* ou « écorcheur »,
lequel est un instrument d'une extrême finesse : des
intervalles un peu trop larges laisseraient passer
le café sans le dépouiller, tandis que d'autres un
peu trop étroits, broieraient les fèves

À sept ans, M. SANTOS-DUMONT conduisait les locomobiles employées pour les travaux des champs.

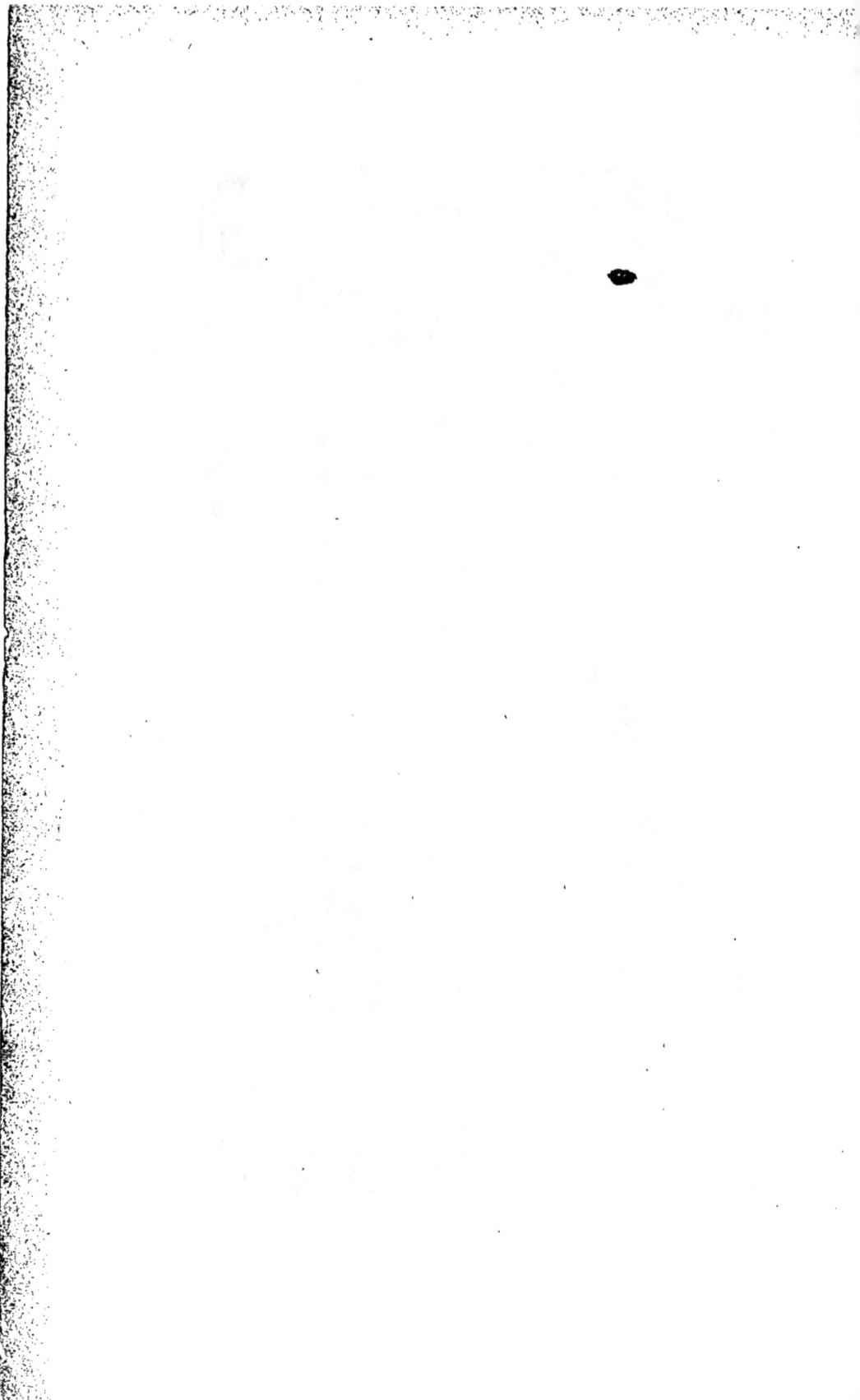

Saisies par un nouvel élévateur, les fèves décortiquées, mais toujours mêlées à leurs peaux, arrivent par lui à un nouveau ventilateur, où les peaux sont emportées par le vent.

Enfin, les fèves étant nettes, un dernier élévateur les lance dans le « séparateur », grand tube de cuivre de 2 mètres de diamètre, d'environ 7 mètres de long, et légèrement incliné. Le café glisse à travers le tube séparateur. Ce tube est percé d'abord de petits trous, par où passent les petites fèves; puis de trous plus grands, par où tombent les fèves de grosseur moyenne; et, plus loin, de trous encore plus larges, pour les grosses fèves rondes appelées « moka ».

La fonction du séparateur consiste donc à séparer les fèves selon des degrés conventionnels de grosseur. Chaque grosseur va tomber dans sa trémie particulière. Au-dessous se trouvent placés des balances et des hommes avec des sacs. A mesure que les sacs reçoivent leur poids normal de café, ils sont remplacés par des sacs vides; après quoi, ficelés et étiquetés, ils sont expédiés en Europe.

Toutes les machines dont je viens de parler, et celles qui fournissaient la force motrice, furent les jouets de mon enfance. Leur pratique familière m'avait appris très vite la science de les réparer en n'importe laquelle de leurs parties. Ce sont, je l'ai dit, des machines fort délicates. Les tamis

mobiles, notamment, risquent d'être à tout moment
hors d'état. Leur légèreté était assez grande, leur
balancement horizontal très rapide, et ils consom-
maient une énorme quantité d'énergie motrice. Il
fallait sans cesse changer les courroies, et je me
rappelle les vains efforts que nous faisions tous pour
remédier aux défectuosités mécaniques du système.

N'est-il pas remarquable que, seuls de toutes les
machines de l'usine, ces fâcheux tamis mobiles
n'étaient pas rotatoires? Ils n'étaient pas rotatoires et ils étaient défectueux. Je crois que ce
petit fait m'a dès le jeune âge prévenu contre tous
les procédés mécaniques d'agitation, et disposé au
contraire en faveur du mouvement rotatoire, plus
gouvernable et plus pratique.

Peut-être dans un demi-siècle l'homme aura-t-il
conquis l'air par l'emploi de machines volantes
plus lourdes que le milieu dans lequel elles se
meuvent. Je regarde vers l'Avenir avec espérance.
Pour le moment, je suis allé à sa rencontre plus
loin que personne. Mes aéronefs — qui ont encouru
de ce chef tant de reproches — sont un tant soit
peu plus lourds que l'air. Mais il y a un point
sur lequel ma conviction est suffisamment faite :
c'est à savoir que, le jour où se produira l'invention victorieuse, elle ne sera pas constituée par des
ailes battantes, ni par rien d'analogue qui s'agite.

Je ne saurais dire à quel âge j'ai construit mes

A douze ans, M. Santos-Dumont dirigeait les trains Baldwin
transportant les charges de café vert.

premiers cerfs-volants. Du moins, je me rappelle les plaisanteries dont j'étais l'objet de la part de mes camarades quand nous jouions à pigeon-vole. Les enfants se rangent autour d'une table et l'un d'eux annonce à haute voix : « Pigeon vole! Poule vole! Corbeau vole! Abeille vole! » Ainsi de suite. A chaque appel, nous devions tous lever le doigt. Seulement, il arrivait de temps en temps qu'on annonçât : « Chien vole! Renard vole! » ou quelque anomalie pareille, afin de nous surprendre; et si, alors, quelqu'un levait le doigt, il devait un gage. Mes camarades ne manquaient jamais de cligner de l'œil et de sourire d'un air malin chaque fois qu'on annonçait : « L'homme vole! » Car chaque fois je m'entêtais à lever le doigt très haut, en signe d'absolue certitude; et je refusais avec énergie de payer le gage. Plus on se moquait de moi, plus j'étais heureux. J'espérais bien qu'un jour j'aurais les rieurs de mon côté.

Parmi les milliers de lettres qui m'arrivèrent le jour où je gagnai le prix Deutsch, il y en eut une qui me fit un plaisir particulier. Je la cite à titre de curiosité :

« Vous rappelez-vous, mon cher Alberto, le temps où nous jouions ensemble à pigeon-vole? Le souvenir m'en est revenu brusquement le jour où parvint à Rio la nouvelle de votre succès.

« L'homme vole, mon vieux ! vous aviez raison de lever le doigt, et vous venez d'en faire la preuve en volant par-dessus la tour Eiffel.

« Et vous aviez raison de ne pas vouloir payer le gage. M. Deutsch le paye pour vous. Bravo ! vous méritez bien ce prix de 100.000 francs.

« Le vieux jeu se joue plus que jamais à la maison ; mais, depuis le 19 octobre 1901, nous en avons changé le nom et modifié la règle ; nous l'appelons maintenant le jeu de « l'homme-vole ! » et celui qui, à l'appel, ne lève pas le doigt, paye un gage.

« Votre ami,

« PEDRO ».

Cette lettre me reporte aux jours les plus heureux de ma vie, quand je m'exerçais, en attendant mieux, à construire avec des brins de paille des aéroplanes dont les propulseurs étaient actionnés par des morceaux de caoutchouc enroulés, ou d'éphémères ballons de papier de soie. Chaque année, le 24 juin, au-dessus des feux de la Saint Jean qui sont, au Brésil, de tradition immémoriale, je gonflais des quantités de ces petites montgolfières et je contemplais avec extase leur montée dans le ciel.

En ce temps-là, je l'avoue, mon auteur favori était Jules Verne. La saine imagination de ce vrai grand écrivain, s'exerçant avec magie sur les immuables lois de la matière, me fascina dès mon enfance. Dans ses conceptions audacieuses, je voyais, sans jamais m'embarrasser d'un doute, la mécanique et la science des âges à venir où l'homme, par son seul génie, s'égalerait à un demi-dieu.

Avec le capitaine Némo et ses hôtes, j'explorais les profondeurs de l'Océan dans ce précurseur des sous-marins, le *Nautilus*. Avec Philéas Fogg, je faisais en quatre-vingts jours le tour du monde. Dans *l'Ile à hélice* et *la Maison à vapeur*, ma foi d'enfant saluait d'une enthousiaste bienvenue le triomphe définitif de l'automobilisme qui, à ce moment, n'avait pas encore un nom. Avec Hector Servadoc, je naviguais dans l'espace.

J'ai vu mon premier ballon en 1888, vers l'âge de quinze ans. Il y avait à Sao-Paolo une foire ou solennité quelconque : un aéronaute professionnel fit une ascension, pour descendre en parachute. J'étais déjà tout à fait familiarisé avec l'histoire de Montgolfier; je savais la folie d'aérostation qui, à la suite de ses courageuses et brillantes expériences, marqua de façon significative les dernières années du xviii° siècle et les premières du xix°; j'avais voué un culte d'admiration aux quatre hommes de génie — Montgolfier, les physiciens Charles et Pilâtre de Rozier, le mécanicien Henry

Giffard — qui avaient indissolublement lié leur nom aux grands progrès de la navigation aérienne.

Moi aussi, je désirais faire du ballon. Durant les longs après-midi ensoleillés du Brésil, bercé par le bourdonnement des insectes que ponctuait le cri lointain de quelque oiseau, je me couchais à l'ombre de la véranda, et je contemplais le beau ciel brésilien où les oiseaux volent si haut, montent si aisément sur leurs ailes grandes ouvertes, où les nuages flottent si gaiement dans la pure lumière du jour, et où l'on n'a qu'à lever les yeux pour devenir amoureux de l'espace libre. Ainsi méditant sur l'exploration du grand océan céleste, moi aussi je créais des aéronefs, j'inventais des machines.

Ces imaginations, je les gardais pour moi. A cette époque, et au Brésil, parler d'inventer une machine volante, un ballon dirigeable, c'eût été se signaler comme un déséquilibré et un visionnaire. Des aéronautes montant des ballons sphériques étaient considérés comme de hardis professionnels, pas très différents des acrobates; et que le fils d'un planteur songeât à devenir leur émule, c'eût été presque un péché social.

CHAPITRE II

LES AÉRONAUTES PROFESSIONNELS

En 1891, il était décidé que notre famille ferait un voyage à Paris. La perspective me souriait doublement. Paris, dit-on, est le lieu où émigre l'âme des bons Américains lorsqu'ils meurent. Pour moi, tel que m'avaient façonné mes lectures, la France, terre des ancêtres de mon père, qui y avait fait son éducation d'ingénieur à l'Ecole Centrale, représentait la grandeur même et le progrès.

C'est en France qu'avait été lancé le premier ballon gonflé d'hydrogène, qu'avait navigué dans les airs le premier aéronef avec sa machine à vapeur, son propulseur à hélice et son gouvernail. Naturellement, je me figurais que la question avait notablement avancé depuis qu'en 1852 Henry Giffard, avec un courage égal à sa science, avait démontré de façon magistrale la possibilité de diriger un ballon.

3.

Je me disais : « Je vais à Paris voir des choses nouvelles — ballons dirigeables et automobiles ! »

Donc, un de mes premiers après-midi de liberté, je me débarrassai de ma famille pour faire une reconnaissance. A mon vif étonnement, j'appris qu'il n'existait pas de ballon dirigeable, qu'il n'y avait que des ballons sphériques, comme celui de Charles en 1783 ! De fait, personne n'avait, après Henry Giffard, poursuivi la recherche d'un ballon allongé actionné par un moteur thermique. L'essai de ballons similaires à moteur électrique, tenté par les frères Tissandier en 1883, avait été repris par deux constructeurs l'année suivante, et finalement abandonné en 1885. Depuis des années, on n'avait donc vu dans les airs aucun ballon en forme de cigare.

Ceci me rejetait aux ballons sphériques. Je consultai un annuaire de la ville de Paris, et j'y relevai l'adresse d'un aéronaute professionnel, auquel j'allai m'ouvrir de mon dessein.

— Vous voulez faire une ascension ? me demanda-t-il d'un air grave. Hum ! hum ! êtes-vous certain d'en avoir le courage ? Une ascension en ballon n'est pas si petite affaire, et vous me semblez bien jeune.

Je l'assurai à la fois de ma détermination et de mon courage. Petit à petit, mes arguments l'ébranlèrent ; tant qu'à la fin il consentit à me prendre pour une courte ascension, qui ne durerait que deux heures au plus, par un bel après-midi bien calme.

— Mes honoraires, ajouta-t-il, seront de 1.200 francs. Puis vous me signerez un contrat par lequel vous déclarerez vous tenir responsable de tout dommage causé à votre personne et à la mienne, au bien des tierces parties, au ballon et à ses accessoires. Vous prendrez en outre à votre charge les frais de chemin de fer, pour notre retour et pour le transport du ballon et de sa nacelle, du lieu où nous atterrirons jusqu'à Paris.

Je demandai à réfléchir. Pour un jeune homme de dix-huit ans, 1.200 francs étaient une grosse somme. Comment, devant ma famille, justifier une pareille dépense ? Et je me tins ce raisonnement :

— Si je risque 1.200 francs pour le plaisir d'un après-midi, je trouverai l'après-midi ou mauvais ou bon. Si je le trouve mauvais, j'aurai risqué mon argent en pure perte ; si je le trouve bon, je voudrai récidiver, et n'en aurai pas le moyen.

Le dilemme me décida. Je renonçai, non sans regret, à l'aérostation, et je cherchai un refuge dans l'automobilisme.

Les automobiles étaient encore rares à Paris en 1891 : il me fallut aller à l'usine de Valentigney pour acheter ma première machine, une Peugeot routière, de la force de trois chevaux et demi.

C'était une curiosité. Il n'y avait encore, à ce moment, ni licence d'automobile, ni examen de chauffeur. Quand nous conduisions la nouvelle invention par les rues de la capitale, c'était à nos risques et périls. Tel était l'intérêt qu'elle provoquait que je ne pouvais stopper sur des places comme celle de l'Opéra, dans la crainte d'amasser la foule et d'arrêter la circulation.

Je devins tout de suite un fervent de l'automobile. Je m'amusai à étudier les organes de la machine, et leur action réciproque. J'appris à la soigner, à la réparer; et lorsque, au bout de quelque sept mois, ma famille rentra au Brésil, j'emportai avec moi ma Peugeot de route.

Je revins à Paris en 1892. Toujours obsédé par mes rêves de ballon, j'allai voir une foule d'autres aéronautes professionnels. Comme le premier, tous me demandèrent des sommes extravagantes, et pour la plus insignifiante des ascensions. Tous prenaient la même attitude. Ils faisaient de l'aérostation un danger et une difficulté, grossissaient à plaisir les risques de corps et de biens. Encore, nonobstant leurs gros prix, ne m'engageaient-ils nullement à conclure. Evidemment, ils étaient décidés à garder l'aérostation pour eux, comme un secret d'État. Et la conséquence fut que j'achetai un nouvel automobile.

Vue montrant dans une ascension les difficultés des toits,
cheminées, pointes, etc.

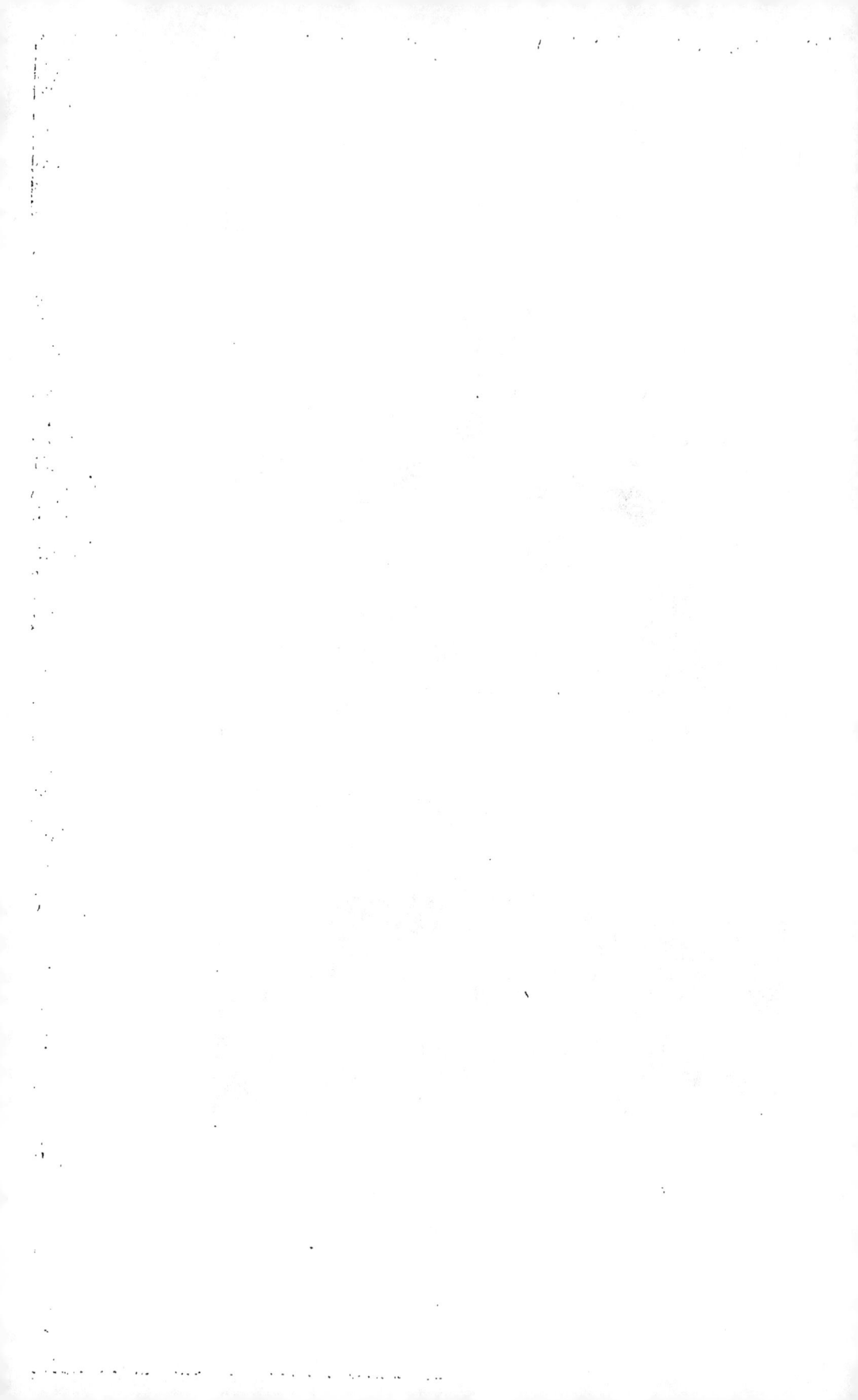

Les choses, je dois le dire, ont singulièrement
changé depuis cette époque, grâce à la fondation
de l'Aéro-Club de Paris.

La vogue naissait alors des tricycles automobiles. J'en choisis un qui ne me donna jamais
d'accident. Mon enthousiasme en fut si grand que
j'instituai pour la première fois à Paris des courses
de mototricycles. Je louai pour un après-midi le
vélodrome du Parc des Princes, j'organisai une
course et j'offris les prix. Les gens « de bon sens »
pronostiquèrent un désastre. L'événement devait
prouver, à leur satisfaction personnelle, que, fatalement, sur une piste à bicyclettes, étant donnée la
rapidité des courbes, les tricycles verseraient et se
briseraient. N'en fût-il pas ainsi, l'inclinaison du
sol amènerait un arrêt du carburateur, ou gênerait
son fonctionnement, et l'arrêt du carburateur sur
une courbe rapide aurait pour résultat la chute des
tricycles. Les directeurs du Vélodrome, tout en
acceptant mon argent, me refusaient la piste pour
un après-midi de dimanche. Ils craignaient un
fiasco. Le succès de la course, qui fut très vif, les
désappointa.

Quand, de nouveau, je fus rentré au Brésil, je
regrettai amèrement de n'avoir pas persévéré dans
mon projet d'ascension. A cette distance, loin de
toutes possibilités aéronautiques, il n'était pas
jusqu'aux excessives prétentions des aéronautes

qui ne me parussent d'une importance secondaire.
Finalement, un jour de 1897, dans une librairie de
Rio où je faisais emplette de livres en vue d'un
troisième voyage à Paris, je tombai sur un ouvrage
de MM. Lachambre et Machuron, qui venait de
paraître : *Andrée* — *Au pôle Nord en ballon.*

Je consacrai à la lecture de ce livre les loisirs de
la traversée. Il fut pour moi une révélation. Je
finis par l'apprendre comme un manuel scolaire.
Les détails de construction et de prix m'ouvrirent
les yeux. J'y voyais clair, enfin! L'immense ballon d'Andrée — dont une reproduction photogra-
phique, sur la couverture, montrait les flancs et le
sommet escaladés, comme ceux d'une montagne,
par les ouvriers chargés de le vernir, — l'immense
ballon, dis-je, n'avait coûté que 40.000 francs à
construire et à équiper.

Je décidai, en arrivant à Paris, de laisser de côté
les aéronautes pour m'adresser aux constructeurs.

Je tenais tout particulièrement à connaître
M. Lachambre, qui avait construit le ballon
d'Andrée, et son associé M. Machuron, l'auteur
du livre. Je le dis sincèrement, je trouvai chez
eux autant que j'espérais. Quand je demandai à
M. Lachambre le prix d'une petite promenade en
ballon, sa réponse me causa une telle surprise que
je le priai de répéter :

— Pour une ascension de trois ou quatre

heures, cela vous coûtera 250 francs, tous frais
payés, y compris le retour du ballon par chemin
de fer.

— Et les dégâts, risquai-je?

— Mais, fit-il en riant, nous ne causerons pas de
dégâts.

Je traitai l'affaire séance tenante, et M. Machuron
accepta de me faire monter avec lui le lendemain.

CHAPITRE III

MA PREMIÈRE ASCENSION

J'ai gardé le souvenir très net des sensations délicieuses que me procura ma première tentative aérienne.

J'arrivai de bonne heure au parc d'aérostation de Vaugirard, afin de ne rien perdre des préparatifs. Le ballon, d'une capacité de 750 mètres cubes, gisait à plat dans l'herbe. Sur un ordre de M. Lachambre, des ouvriers donnèrent passage au gaz. La chose informe ne tarda pas à devenir une vaste sphère, arrondie dans l'air.

A 11 heures, les préparatifs étaient terminés. La nacelle se balançait gentiment sous le ballon, que caressait une brise fraîche. Impatient du départ, je me tenais dans un coin de l'étroite nacelle, debout, un sac de lest à la main. « Lâchez tout! » cria de l'autre coin M. Machuron.

Subitement, le vent s'arrêta de souffler. L'air,

autour de nous, semblait immobile. Nous étions
partis, et le courant d'air que nous traversions nous
communiquait sa vitesse. Il n'y avait donc plus de
vent pour nous. Et voilà bien le premier grand
fait que l'on observe avec les ballons sphériques.
Ce mouvement non ressenti de marche et de
montée a quelque chose d'infiniment doux. L'illusion est absolue : on croirait non pas que le ballon se
meut, mais que la terre se retire de lui et s'abaisse.

Au fond du gouffre, qui déjà se creusait sous
nous à 1.500 mètres, la terre, au lieu d'apparaître
ronde comme une boule, présentait l'aspect con-
cave d'un bol, par un phénomène de réfraction
qui relève sans cesse aux yeux de l'aéronaute le
cercle de l'horizon.

Villages et bois, prés et châteaux, défilent en
tableaux mouvants, au-dessus desquels les sifflets
des locomotives jettent leurs notes aiguës et loin-
taines. Avec les abois des chiens, ce sont les
seuls bruits qu'on perçoive à ces hauteurs. La
voix humaine n'arrive pas jusqu'à leurs solitudes
sans bornes. Les êtres humains ont l'air de fourmis
sur les lignes blanches qui sont des routes ; les
rangées de maisons paraissent des jouets d'enfants.

Mon regard subissait encore la fascination du
spectacle lorsqu'un nuage passa devant le soleil.
L'ombre ainsi faite amena un refroidissement du
gaz dans le ballon qui, s'étant plissé, se mit à des-

cendre, lentement d'abord, puis avec une vitesse croissante. Pour réagir, nous jetâmes du lest. Et voici la deuxième des grandes observations où l'on est induit avec les ballons sphériques : quelques kilos de sable vous rendent maître de votre altitude !

Nous retrouvâmes notre équilibre au-dessus d'une nappe de nuages. Là, planant à 3.000 mètres environ, nous réjouîmes nos yeux d'un étonnant spectacle. Sur cet écran d'une blancheur éblouissante, le soleil allongeait l'ombre du ballon; et nos profils, fantastiquement agrandis, se projetaient au centre d'un triple arc-en-ciel. Du fait que nous ne voyions plus la terre, toute notion de mouvement était suspendue pour nous. Nous pouvions marcher à la vitesse d'un ouragan et ne pas nous en rendre compte. Nul moyen de connaître la direction que nous avions prise, sinon de descendre et de relever notre position.

Un allègre carillon tinta à nos oreilles. Des clochers de villages sonnaient l'*Angelus* de midi. Nous avions emporté un substantiel déjeuner : œufs durs, bœuf et poulet froids, fromage, glaces, fruits, gâteaux, champagne, café et chartreuse. Rien de délicieux comme un déjeuner semblable, au-dessus des nuages, dans un ballon sphérique. Quelle salle à manger offrirait plus merveilleux décor ? La chaleur du soleil mettant les nuages en ébullition, ils lançaient, à l'entour de la table,

4

des jets irisés de vapeur glacée, comparables à de grandes gerbes d'artifice. De la glace s'éparpillait dans tous les sens, comme par miracle, en ravissantes et menues paillettes blanches. Par instants, des flocons de neige se formaient, spontanément, sous nos yeux, jusque dans nos verres!

J'achevais un verre de liqueur quand le rideau s'abaissa subitement sur cette admirable mise en scène de soleil, de nuages et de ciel bleu. Le baromètre monta rapidement de 5 millimètres, indiquant une brusque rupture d'équilibre et une descente précipitée. Le ballon avait dû se charger de plusieurs kilos de neige : il tombait dans un nuage.

Le brouillard nous enveloppa d'une demi-nuit. Nous distinguions encore notre nacelle, nos instruments, les parties de cordages les plus proches; mais le filet qui nous rattachait au ballon n'était plus visible qu'à une certaine hauteur; le ballon lui-même avait disparu. Ainsi, nous eûmes un moment l'étrange et exquise sensation d'être suspendus dans le vide, sans aucun soutien, d'avoir perdu notre dernier gramme de pesanteur, d'être comme emprisonnés dans un néant opaque.

Après quelques minutes d'une chute que nous amortîmes par des jets de lest, nous nous trouvâmes au-dessous des nuages, à une distance de la terre d'environ 300 mètres. Un village fuyait sous nous. Nous fîmes le point et comparâmes

notre carte avec l'immense carte naturelle déroulée
sous nos yeux. Bientôt, il nous fut facile d'iden-
tifier les routes, les chemins de fer, les villages,
les bois. Tout cela accourait vers nous de l'horizon, à la vitesse du vent lui-même.

Le nuage qui avait provoqué notre descente nous
annonçait un changement de temps. De petits
coups de vent commençaient à pousser le ballon
de droite à gauche et de haut en bas. Par intervalles, le guide-rope — une grande corde, longue
de 100 mètres, qui flottait hors de la nacelle —
venait à toucher le sol. La nacelle ne tarda pas
elle-même à raser les cimes des arbres.

Ce qu'on entend par « guide-roper » se présenta
ainsi pour moi dans des conditions particulièrement instructives. Nous avions à portée de la main
un sac de lest : qu'un obstacle spécial se présentât
sur notre route, nous jetions quelques poignées de
sable ; le ballon se soulevait ; l'obstacle était franchi. Plus de 50 mètres de guide-rope traînaient
sur le sol derrière nous ; il n'en fallait pas tant
pour nous maintenir en équilibre à une altitude de
moins de 100 mètres, que nous étions résolus à ne
plus dépasser jusqu'à la fin du voyage.

Cette première ascension me permit d'apprécier
pleinement l'utilité de ce modeste accessoire du
gréement d'un ballon sphérique, sans lequel l'atterrissage présenterait le plus souvent de graves diffi-

cultés. Quand, pour une raison ou pour une autre
— dépôt d'humidité sur la surface du ballon, coup
de vent de haut en bas, perte accidentelle de gaz,
ou, plus fréquemment encore, passage d'un nuage
devant le soleil, — le ballon redescend à une vitesse
inquiétante, le guide-rope, traînant en partie sur
le sol, déleste ainsi tout le système d'une partie de
son poids, et arrête ou, du moins, ralentit la chute.
Dans l'hypothèse contraire, si le ballon manifeste
une trop rapide tendance ascensionnelle, cette tendance est contrebalancée par le relèvement du
guide-rope, un peu plus de son poids s'ajoutant
ainsi à ce que pesait, avant la manœuvre, le système flottant.

Cependant, comme toutes les inventions humaines, le guide-rope, s'il a ses avantages, a aussi
ses inconvénients. Du fait qu'il traîne sur des surfaces inégales, sur des champs et sur des prairies,
sur des collines et sur des vallées, sur des routes et
sur des maisons, sur des haies et sur des fils de télégraphe, il imprime au ballon de violentes secousses.
Il arrive qu'après s'être embrouillé il se débrouille
trop vite, qu'il s'accroche à quelque aspérité du
sol ou s'enroule soit au tronc, soit aux branches
d'un arbre. Il ne manquait qu'un incident de ce
genre pour compléter mon instruction.

Comme nous franchissions un petit bouquet
d'arbres, une secousse plus forte que les autres me

rejeta en arrière dans la nacelle. Le ballon, arrêté court, se balançait dans les coups de vent, au bout de son guide-rope enroulé à la cime d'un chêne. Nous fûmes un quart d'heure secoués comme un panier à salade et ne nous dégageâmes qu'en jetant une poignée de lest. Le ballon, délesté, fit un bond terrible et s'en alla, comme un boulet, crever les nuages. Nous étions menacés d'atteindre à des hauteurs qui, avec la faible provision de lest dont nous disposions maintenant pour la descente, pouvaient être dangereuses. Il était temps de recourir à des moyens effectifs, d'ouvrir la valve de manœuvre et de laisser fuir du gaz.

Ce fut l'affaire d'une minute. Le ballon se reprit à descendre et le guide-rope retrouva le sol. Il ne nous restait qu'à terminer là notre partie ; nous étions presque au bout de notre sable.

Quiconque aspire à naviguer en aéronef devrait préalablement s'exercer à quelques atterrissages en ballon sphérique, pour peu qu'il tienne à atterrir sans tout briser à la fois : ballon, quille, moteur, gouvernail, propulseur, cylindres remplis d'eau servant de lest (water-ballast), bidons d'essence.

Pour cette dernière manœuvre, le vent, qui était assez fort, nous contraignit à chercher un lieu abrité. Du bout de la plaine accourait vers nous un coin de la forêt de Fontainebleau. En quelques instants, au prix de notre dernière poignée de lest, nous eûmes tourné l'extrémité du bois. Les arbres, maintenant, nous protégeaient contre le vent. Nous jetâmes l'ancre en même temps que nous ouvrions toute grande la valve pour donner une complète issue au gaz.

La double manœuvre nous mit à terre sans le moindre « traînage ». Nous prîmes pied sur le sol ferme et regardâmes mourir le ballon. Allongé dans le champ, il achevait de perdre son gaz dans des soubresauts convulsifs, comme un grand oiseau meurt en battant des ailes.

Nous fîmes, du ballon expirant, quelques photographies instantanées; puis nous le pliâmes et l'emballâmes dans la nacelle, son filet plié de même à côté de lui. Le petit coin dont nous avions fait choix pour atterrir se trouvait dépendre du parc du château de La Ferrière, propriété de M. Alphonse de Rothschild. Quelques travailleurs d'un champ voisin furent envoyés au village pour y chercher une voiture. Une demi-heure plus tard, un break arrivait. Nous y plaçâmes tout notre bagage et partîmes pour la gare, distante d'à peu près quatre kilomètres. Là, nous eûmes fort à faire pour mettre à terre le panier avec son contenu, car il pesait 200 kilos. A six heures et demie, nous étions rentrés à Paris. Nous avions effectué un parcours de 100 kilomètres, et passé près de deux heures dans les airs.

CHAPITRE IV

MON « BRÉSIL », LE PLUS PETIT BALLON SPHÉRIQUE

J'étais tellement féru d'aérostation après ce premier voyage, que j'exprimai à M. Machuron le désir de me faire construire un ballon. Il approuva mon idée. Il supposait que je voulais un ballon sphérique de dimensions ordinaires et d'une capacité de 500 à 2.000 mètres cubes. On ne s'avisait pas d'en faire de plus petits.

Il n'y a de cela que peu de temps, et il est curieux de constater comme les constructeurs s'obstinaient encore dans l'emploi de matériaux lourds. La moindre nacelle pesait obligatoirement 30 kilos. Il n'y avait rien de léger, ni l'enveloppe, ni le gréement, ni les accessoires.

J'exposai mes idées à M. Machuron. Il se récria quand je parlai d'un ballon de 400 mètres cubes,

et fait en soie du Japon, de la qualité la plus
légère et la plus résistante. M. Lachambre et lui
essayèrent de me prouver, dans leurs ateliers, que
je demandais l'impossible.

Que de fois, depuis, on a essayé de me la faire,
cette même preuve! J'y suis habitué, aujourd'hui.
Je m'y attends. Tout troublé que j'en fus alors, je
persévérai quand même.

MM. Machuron et Lachambre essayèrent de me
démontrer que pour qu'un ballon eût de la
stabilité il devait avoir du poids. Un ballon de
100 mètres cubes devait, en outre, être plus sensible qu'un grand ballon de dimensions courantes
aux mouvements de l'aéronaute dans sa nacelle.

Avec un grand ballon, le centre de gravité pour
l'aéronaute est comme dans la figure 1, *a*, ci-contre.
L'aéronaute se porte-t-il, par exemple, à la droite de
la nacelle (fig. 1, *b*), le centre de gravité du système
entier n'en subit pas un déplacement appréciable.

Avec un très petit ballon, le centre de gravité
(fig. 2, *a*) n'est assuré qu'autant que l'aéronaute
se tient droit au centre de la nacelle. S'il se porte
à droite (fig. 2, *b*) le centre de gravité se déplace,
et, cessant de correspondre à l'axe du ballon, le
fait osciller dans le même sens.

— Donc, me disaient MM. Machuron et Lachambre, comme il faudra que vous bougiez dans votre
nacelle, vous imprimerez par là au ballon un

continuel mouvement d'oscillation et de roulis.

— Nous augmenterons en conséquence [la longueur des cordes de suspension, répliquai-je.

FIG. 1.   FIG. 2.

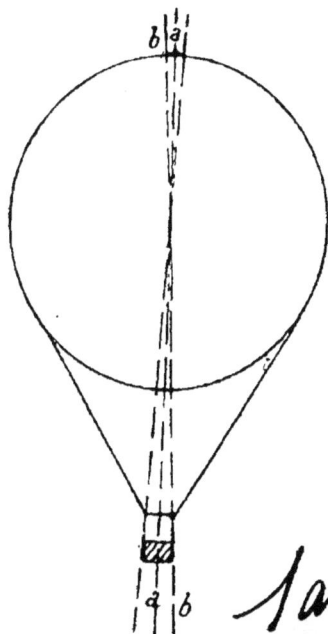
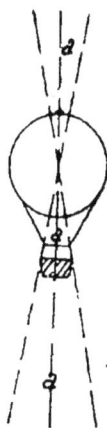

C'est ce que l'on fit. Et le *Brésil* montra une
stabilité remarquable.

Quand je portai à M. Lachambre ma légère soie
du Japon, il la regarda et me dit : « Elle sera trop
faible. » Nous l'essayâmes au dynamomètre et le
résultat fut surprenant. A l'épreuve, la soie de

Chine supporte une tension de 1.000 kilos par
mètre linéaire : la mince soie du Japon supporta
une tension de 700 kilos ; c'est-à-dire qu'elle
s'affirma trente fois plus résistante qu'il n'était
nécessaire en vertu de la théorie des tensions.
Chose étonnante si l'on songe qu'elle ne pèse que
30 grammes par mètre carré. Un fait qui montre
à quel point des gens compétents peuvent se trom-
per quand ils s'en tiennent à des jugements som-
maires, c'est que tous mes ballons d'aéronefs sont
faits de la même soie ; cependant, la pression intérieure qu'ils ont à supporter est énorme, au lieu
que les ballons sphériques sont tous munis, dans
le bas, d'un orifice qui leur procure un soulagement.

La capacité finalement adoptée pour le *Brésil* étant
de 113 mètres cubes, ce qui correspond approxima-
tivement à 113 mètres carrés de

Le "Brésil".

surface de soie,
l'enveloppe en-
tière pesait à peine
3 kil. 500. Les trois
couches de vernis
firent monter ce
poids à 14 kilos.

Le filet, qui pèse
souvent une cin-
quantaine de ki-
los, ne pesait que
1.800 grammes.
La nacelle, d'un
poids minimum
ordinaire de 30
kilos, n'en pesait
que 6. J'ai, au-
jourd'hui, à mon
petit N° 9, une
nacelle dont le

Première ascension de M. SANTOS-DUMONT
avec le "Brésil".

poids n'atteint pas 5 kilos. Mon guide-rope, fin,
mais très long, puisqu'il mesurait 100 mètres,
pesait 8 kilos tout au plus ; sa longueur donnait
au *Brésil* une bonne élasticité. Je remplaçai l'ancre
par un grappin en fer de 3 kilos.

En m'attachant ainsi à la légèreté dans tous les
détails, je trouvai que le ballon, malgré sa peti-
tesse, aurait assez de force pour m'enlever avec

mon propre poids de 50 kilos et 30 kilos de lest. Et c'est bien dans ces conditions de poids que je fis ma première ascension. Dans une autre circonstance, en présence d'un ministre français curieux de voir le plus petit des ballons sphériques, je ne pris pour ainsi dire pas de lest, 4 ou 5 kilos seulement et, néanmoins, le ballon dûment pesé, je partis et fis une bonne ascension.

Le *Brésil* était très maniable dans l'air et très souple. Il était, de plus, facile à emballer après la descente : on a pu dire avec raison que je l'ai porté dans une valise.

Avant la première ascension à bord de mon petit *Brésil*, j'en fis vingt-cinq ou trente avec des ballons sphériques ordinaires, tout seul, à la fois capitaine et passager unique. M. Lachambre, qui s'était chargé de plusieurs ascensions publiques, me permit d'en faire quelques-unes à sa place. C'est ainsi que je montai en diverses villes de France et de Belgique. J'y prenais plaisir, je m'y formais, j'évitais toute peine à M. Lachambre, je l'indemnisais de tous frais et dommages : la combinaison nous accommodait tous deux.

Je doute que sans ces études et expériences préalables avec un ballon sphérique, un homme ait quelque chance de réussir avec un dirigeable allongé, dont le maniement est beaucoup plus délicat. Avant de s'essayer à conduire un aéronef,

il est nécessaire qu'on ait, à bord d'un ballon ordinaire, appris les conditions de milieu atmosphérique, fait connaissance avec les caprices du vent,
pénétré à fond les difficultés que présente le pro-

Le "Brésil", dans l'air, était très souple et très maniable.

blème du lest, au triple point de vue du départ, de
l'équilibre aérien et de l'atterrissage.

Avoir dirigé soi-même un ballon ordinaire, au
moins une dizaine de fois, c'est là, me semble-t-il,
un préliminaire indispensable pour acquérir la
notion exacte de tout ce que comportent la construction et la direction d'un ballon allongé muni
d'un moteur et d'un propulseur.

On comprendra que je sois fort étonné quand je
vois des inventeurs, sans avoir jamais mis les
pieds dans une nacelle, dessiner sur le papier, et
même exécuter, en tout ou en partie, de fantastiques
aéronefs avec des ballons cubant des milliers de
mètres, chargés d'énormes moteurs qu'ils ne
parviennent pas à enlever de terre, et pourvus de
machines si compliquées que rien ne marche. Les
inventeurs de cet ordre n'ont peur de rien, car ils
n'ont aucune idée des difficultés du problème. S'ils
avaient commencé par voyager dans les airs au
gré du vent, par lutter contre les influences hostiles
des phénomènes atmosphériques, ils compren-
draient qu'un ballon dirigeable, pour être pratique, veut d'abord une extrême simplicité de mécanisme.

Quelques-uns des malheureux constructeurs qui
ont payé de leur vie leur triste imprudence
n'avaient jamais fait une ascension, comme capitaines et sous leur responsabilité, à bord d'un

ballon sphérique. La plupart de leurs émules
d'aujourd'hui, si dévoués à leur œuvre, se trouvent encore dans les mêmes conditions d'inexpérience. Ainsi s'expliquent pour moi leurs insuccès.
Ils sont dans les conditions mêmes où serait le premier venu qui, sans avoir jamais quitté la terre
ferme ou mis le pied sur un bateau, prétendrait
construire et diriger un transatlantique.

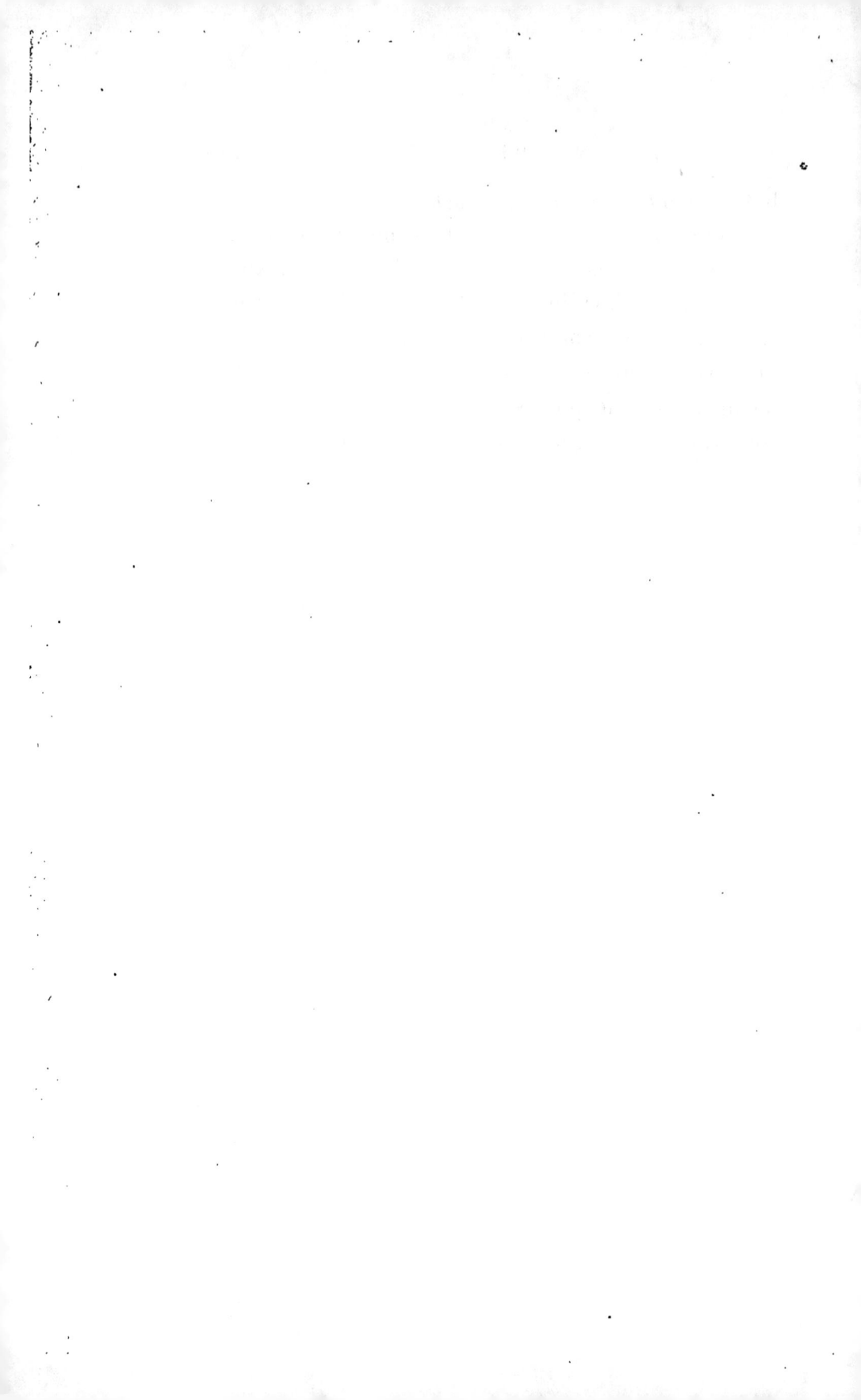

CHAPITRE V

DANGERS RÉELS ET DANGERS IMAGINAIRES
DE L'AÉROSTATION

Une des plus singulières aventures, du temps
où je pratiquais les ballons sphériques, m'arriva
juste au-dessus de Paris.

J'étais parti de Vaugirard avec quatre invités
dans un grand ballon que je m'étais fait construire
le jour où j'en avais eu assez de voyager tout seul
dans mon petit *Brésil*.

Au départ, il semblait y avoir très peu de vent.
Nous montâmes lentement, cherchant un courant
d'air. A mille mètres, nous ne trouvâmes rien.
A 1.500, nous restions presque stationnaires. En
jetant encore du lest, nous parvînmes à 2.000 mètres.
A ce moment, une brise vagabonde commença de
nous pousser sur le centre de Paris.

Elle nous abandonna au-dessus du Louvre. Nous

descendîmes et... ne rencontrâmes plus que le calme.

Il se produisit alors une chose plaisante. Dans un ciel bleu, sans un nuage, et tout baigné de soleil, où nous arrivaient les lointains abois des chiens de Paris, nous étions immobilisés par le calme! Nous remontâmes, dans l'espoir d'un courant d'air. Toujours dans le même espoir, nous redescendîmes. Nous ne faisions plus que monter et descendre. Les heures passaient; nous restions suspendus sur Paris.

Nous prîmes d'abord le parti d'en rire. Puis, vint la fatigue. Enfin, presque l'inquiétude. Tellement que j'eus l'idée, à certain moment, d'atterrir dans Paris même, près de la gare de Lyon, où je découvrais un espace libre. L'opération eût cependant présenté quelque danger, car je ne pouvais compter sur le sang-froid de mes compagnons dans un cas critique. Ils n'avaient pas, en effet, l'habitude de l'aérostation.

Le pis était que nous perdions du gaz. Tandis que nous voguions lentement vers l'est, heure par heure, un à un, nos sacs de lest s'étaient vidés. Nous atteignions le bois de Vincennes, que déjà nous en étions à lancer par-dessus bord des objets de toute nature, sacs pour le lest, paniers du déjeuner, deux petits pliants légers, deux Kodaks, une boîte de plaques photographiques.

Nous restions cependant très bas; tout au plus dépassions-nous de 300 mètres les cimes des arbres. La descente continuant, il nous vint une vraie peur. Si le guide-rope allait s'enrouler à quelque arbre et nous tenir là pendant des heures? Nous luttions pour garder notre altitude, quand un bizarre petit coup de vent nous envoya pardessus le champ de courses de Vincennes.

— C'est le moment! criai-je à mes compagnons, tenez-vous bien!

En même temps, je fis jouer la soupape. Nous descendîmes rapidement, mais presque sans secousse.

J'ai personnellement éprouvé non seulement de la peur, mais de la souffrance et un réel désespoir, à bord d'un ballon sphérique. Pas souvent, d'ailleurs : car aucun sport n'est plus régulièrement sûr, doux et agréable. S'il offre vraiment quelques dangers, c'est, d'ordinaire, dans l'atterrissage; et le bon aéronaute sait y pourvoir. Quant aux dangers aériens qu'on lui attribue, ce sont dangers... en l'air; car la sécurité dans l'air est normalement parfaite. C'est pourquoi l'incident particulier, très pénible et très angoissant, dont j'ai gardé le souvenir, est d'autant plus remarquable qu'il se produisit à une grande altitude.

Un jour de 1900, à Nice, j'étais parti de la place Masséna, à bord d'un assez grand ballon sphérique,

seul et me proposant d'évoluer quelques heures
dans le féerique décor des montagnes et de la mer.

Il faisait beau. La chute rapide du baromètre
indiquait néanmoins un prochain orage. Un
moment, le vent me porta dans la direction de
Cimiez; ensuite, comme il menaçait de me chasser
vers la pleine mer, je jetai du lest, abandonnai
le courant et m'élevai à la hauteur d'à peu près un
mille.

Bientôt après, je laissai le ballon redescendre.
J'espérais trouver un courant favorable. A 300 mètres
de la terre, non loin du Var, je remarquai que je
ne descendais plus. Décidé de toute façon à atterrir
sans délai, je fis jouer la valve et j'abandonnai du
gaz. C'est ici que l'épreuve devint terrible.

Je ne pouvais plus descendre! Je jetai un coup
d'œil au baromètre, et je constatai qu'effective-
ment je montais. J'aurais pourtant dû être en
descente. Et je sentis au vent, je reconnus à plusieurs signes, que je descendais en effet.

A ma grande inquiétude, je ne découvris que trop
tôt d'où venait le mal. En dépit de ma descente
apparente et continue, j'étais enlevé par une
énorme colonne d'air qui montait avec violence. Je
descendais en elle et montais avec elle.

J'ouvris de nouveau la valve. Peine inutile. Le
baromètre marquait une hauteur croissante; et je
pouvais vérifier la chose à la façon dont la terre

s'enfonçait sous moi. Je refermai la valve, pour ne plus sacrifier de gaz. Il n'y avait rien à faire, qu'attendre et voir ce qui arriverait.

La colonne d'air montante m'éleva jusqu'à 3.000 mètres. Je devais me borner à surveiller le baromètre. Au bout d'un laps de temps qui me parut long, il marqua un commencement de descente. Je réaperçus la terre. Je jetai du lest pour adoucir la chute. Bientôt, je vis la tempête heurter les arbres et les petits bois : là-haut, dans la tourmente même, je n'avais rien senti.

Bientôt aussi, comme la descente ne s'arrêtait plus, je pus me rendre compte de la vitesse avec laquelle j'étais emporté latéralement. Et j'apercevais à peine le danger, que j'y entrai. Roulé à une allure vertigineuse, battant les cimes des arbres, menacé à tout instant d'une mort terrible, je lançai mon ancre. Elle s'accrochait aux arbres, aux arbustes, et ne tenait pas. Avec de gros arbres, c'était fait de moi. Par bonheur, je longeais des taillis. Le visage couvert de contusions et de déchirures, les vêtements arrachés du dos, meurtri, courbaturé, craignant le pire, je ne pouvais rien pour me sauver. Je me considérais comme perdu quand, à ce moment même, le guide-rope, s'enlaçant à un arbre, tint ferme. Je fus précipité hors de la nacelle et, dans ma chute, je m'évanouis. Lorsque je revins à moi, des paysans m'entouraient, qui me regar-

6

daient. Ils me mirent en état de rentrer à Nice, où je mandai les médecins pour me recoudre.

Durant la période de mes débuts, alors que je faisais volontiers des ascensions publiques pour mon constructeur, j'étais déjà passé par une épreuve analogue, et, cette fois, la nuit. L'ascension avait eu lieu à Péronne, dans le nord de la France, sur la fin d'une journée orageuse. J'étais parti malgré les avertissements d'un tonnerre lointain, par un demi-crépuscule lugubre, et sans tenir compte des protestations de la foule, qui savait que je n'étais pas un aéronaute de métier. On craignait mon inexpérience, et l'on voulait ou me voir renoncer à l'ascension, ou m'obliger à prendre avec moi le constructeur du ballon, organisateur responsable de la fête.

N'écoutant personne, j'étais donc parti comme je l'avais décidé. J'eus vite sujet de regretter ma témérité. J'étais seul, perdu dans les nuages, parmi les éclairs et les grondements du tonnerre; et la nuit s'épaississait autour de moi.

J'allais, j'allais dans les ténèbres. Je savais que j'allais à une grande vitesse, mais je ne sentais aucun mouvement. J'entendais et recevais l'orage, et c'était tout. J'avais conscience d'un grand danger, mais le danger n'était pas tangible. J'éprouvais une sorte de joie sauvage. Comment dire cela? Comment le décrire? Là-haut, dans la solitude

noire, dans les éclairs qui la déchiraient, dans le
bruit de la foudre, je faisais moi-même partie de
la tempête !

Quand j'atterris, le lendemain — après avoir longtemps cherché une altitude supérieure et laissé
passer l'orage sous moi, — je me trouvai en Belgique. L'aurore était calme, de sorte que mon
atterrissage put se faire sans difficulté. Je parle
de cette aventure parce qu'il en fut question à
l'époque dans les journaux, et pour montrer que
l'aérostation de nuit, même par temps d'orage,
peut être plus apparemment que réellement dangereuse. Et, vraiment, l'aérostation de nuit a son
charme tout à fait propre. On est seul, dans le
vide obscur, dans des limbes de ténèbres où l'on
semble flotter sans poids, hors du monde, l'âme
allégée du fardeau de la matière! On est heureux,
avec cela, quand, de temps à autre, apparaissent
des lumières terrestres. On voit un point s'allumer
au loin, devant soi. Lentement, il s'épanouit. Là
où il n'y avait qu'une lueur, il y a bientôt d'innombrables taches brillantes. Elles courent en lignes,
avec, çà et là, des grappes de clartés. On sait qu'on
traverse une ville.

Ou bien, on plane sur des campagnes désertes.
A peine quelque rougeur se montre par endroits.
Quand la lune se lève, on distingue, d'aventure,
un mince ruban gris qui se tord ; c'est une rivière

reflétant la clarté de l'astre ou celle des étoiles. Un
éclair déchire l'ombre, on perçoit faiblement un
sifflet rauque : c'est un train qui passe ; les feux
de la locomotive illuminent sans doute la fumée
au-dessus d'elle.

Ou bien, par mesure de prudence, on jette encore
du lest, on s'élève à travers le sombre désert des
nuages, dans l'émouvant et splendide embrasement
d'un ciel d'étoiles. Là, seul avec les constellations,
on attend l'aurore! Et quand vient l'aurore, dans
une gloire de rouge, d'or et de pourpre, c'est
presque à contre-cœur que l'on cherche la terre.
Cependant, c'est un plaisir aussi que l'imprévu de
l'atterrissage dans on ne sait quelle partie de l'Europe. Pour beaucoup de gens, l'aérostation n'a pas
d'attrait plus grand. L'aéronaute devient explorateur. Etes-vous un jeune homme désireux de courir
le monde, de connaître les aventures, de scruter
l'inconnu, de compter avec l'inattendu, mais retenu chez lui par sa famille et ses affaires? Prati-
quez le ballon sphérique. A midi, vous déjeunez
tranquillement avec les vôtres. A deux heures,
vous partez en ballon. Dix minutes plus tard, vous
n'êtes plus un citoyen ordinaire, mais un explorateur, un aventurier de la science, aussi sûrement
que ceux qui vont geler dans les icebergs du Groën-
land ou fondre de chaleur sur les rives de corail de
l'Inde.

Vous ne savez que vaguement où vous êtes;
vous ne pouvez savoir où vous allez; mais cela
dépend pour beaucoup de votre volonté, aussi bien
que de votre adresse et de votre expérience. Vous
avez le choix de l'altitude; vous êtes maître d'accepter un courant ou d'aller plus haut en chercher un
autre. Vous pouvez franchir les nuages, atteindre
aux régions où l'on respire l'oxygène des tubes,
perdre la vision de la terre, qui disparaît comme
en tournant au-dessous de vous, et toute direction
alors vous échappe; ou vous pouvez redescendre,
suivre la surface du sol, vous aider de votre
guide-rope et d'une poignée de sable, pour faire,
sans effort, des bonds de géant par-dessus les habi-
tations et les arbres.

Le moment venu d'atterrir, on goûte vraiment
une joie d'explorateur à s'en aller parmi des
hommes étrangers, comme un dieu sorti d'une
machine. En quel pays est-on? En quelle langue,
allemande, russe ou norvégienne, obtiendra-t-on
une réponse? Des membres de l'Aéro-Club ont
essuyé des coups de feu en franchissant certaines
frontières européennes. D'autres, arrêtés, au moment de l'atterrissage, par quelque bourgmestre ou
quelque gouverneur militaire, ont commencé par
languir sous l'inculpation d'espionnage — cependant que le télégraphe informait de leur arresta-
tion la capitale lointaine, — pour finir ensuite la

6.

soirée en sablant du champagne, dans l'enthousiasme d'un mess d'officiers! D'autres même, en
de petits coins perdus, ont eu à se défendre
contre l'ignorance et la superstition des popula-
tions rurales. Telle est la fortune des vents.

CHAPITRE VI

JE CÈDE A L'IDÉE DU BALLON DIRIGEABLE

Au cours de l'ascension que je fis en sa compagnie, tandis que le guide-rope s'enroulait à l'arbre et que le vent nous secouait si outrageusement, M. Machuron profita de la circonstance pour m'ôter toute illusion sur l'aérostation dirigeable.

— Observez la traîtrise et l'humeur vindicative du vent, criait-il au milieu des secousses. Nous sommes liés à l'arbre, et voyez avec quelle force il essaie de nous en détacher! (Ici, je fus rejeté dans le fond de la nacelle). Quel propulseur à hélice tiendrait contre lui? Quel ballon allongé ne se plierait en deux et ne vous ferait voler à votre perte?

C'était décourageant! Rentré à Paris par chemin de fer, je renonçai à continuer les expériences de Giffard. Et je restai dans cet état d'esprit durant

des semaines. J'aurais discuté d'abondance contre
la direction des ballons. Puis revint une période
de tentation; car une idée longtemps caressée ne
meurt pas tout de suite. Quand je me rendais
compte des difficultés pratiques de la mienne, je
m'apercevais en même temps que mon esprit tra-
vaillait d'instinct à se convaincre qu'elles étaient
imaginaires. Je me surprenais à me dire : « Si je
fais un ballon cylindrique assez long et assez
mince, il fendra l'air... » Et pour ce qui était du
vent : « Serai-je critiqué là où jamais on ne critique un yachtsman, pour avoir refusé de sortir
dans une rafale? »

Un accident me décida. J'ai toujours adoré la
simplicité, au lieu que je n'ai aucun goût pour les
complications, si ingénieuses soient-elles. Les
moteurs de tricycles arrivaient alors à une haute
perfection. Leur simplicité m'enchantait; et sans
que la logique y fût pour rien, leurs mérites préva-
lurent dans mon esprit contre toutes les objections
opposées au ballon dirigeable.

— J'utiliserai, me dis-je, ce moteur léger et puissant. Giffard n'avait pas un tel auxiliaire.

La machine à vapeur de Giffard, machine primi-
tive et peu puissante relativement à son poids,
outre que son foyer crachait des étincelles ardentes,
ne donnait à ce courageux innovateur aucune
chance sérieuse de réussite. Je ne m'attardai pas

un instant à l'idée d'un moteur électrique, qui, s'il offre peu de dangers, présente, au point de vue de l'aérostation, le défaut capital d'être la machine la plus lourde que l'on connaisse, eu égard au poids de sa batterie. Là-dessus, d'ailleurs, je perds si vite patience, que je n'en dirai pas davantage. Je m'en tiendrai à l'avis que m'exprimait Edison en avril 1902 : « Vous avez bien fait de choisir le moteur à pétrole ; c'est le seul auquel puisse songer un aéronaute dans l'état actuel de l'industrie ; et les moteurs électriques, tels qu'ils étaient notamment il y a quinze ou vingt ans, ne pouvaient mener à aucun résultat. C'est pour cela que les frères Tissandier y renoncèrent. »

Quelque immenses qu'aient été les perfectionnements apportés ces derniers temps à la machine à vapeur, ils n'étaient pas pour me décider en faveur du ballon dirigeable. Moteur pour moteur, peut-être un moteur vaut-il mieux à la vapeur qu'au pétrole ; mais comparez la chaudière et le carburateur : là où ce dernier pèse N grammes par cheval de force, la chaudière pèse N kilos. Dans certains moteurs à vapeur légers, d'une légèreté même quelquefois plus grande que celle des moteurs à pétrole, la chaudière détruit toujours la proportion. Avec une livre de pétrole, vous pouvez développer une force d'un cheval pendant une heure. Pour obtenir cette même énergie de la machine à vapeur la plus per-

fectionnée, il vous faut plusieurs kilos d'eau et de
combustible, pétrole ou autre. Même par la condensation de l'eau, vous ne descendez pas à moins
de plusieurs kilos par cheval.

Qui plus est, le charbon, avec les moteurs à
vapeur, vous donne des étincelles ardentes. Le
pétrole avec les mêmes moteurs vous donne beaucoup de flammes. Rendons cette justice au moteur
à pétrole qu'il ne produit ni flammes, ni étincelles
enflammées.

En ce moment même, j'ai un moteur à pétrole
qui ne pèse que 2 kilos par cheval-vapeur. C'est le
60 chevaux de mon N° 7, dont le poids total n'est
que de 120 kilos. Qu'on le compare à la nouvelle
batterie acier et nickel de M. Edison, qui promet
de peser 18 kilos par cheval.

C'est donc à la légèreté et à la simplicité du petit
moteur à tricycle de 1897 que je suis redevable de
toutes mes expériences. Je suis parti de ce principe
que, pour obtenir n'importe quelle espèce de
succès, il fallait indispensablement réduire le poids,
et ainsi se prêter aux conditions, tant financières
que mécaniques, du problème.

Je suis tout à fait lancé aujourd'hui dans la
construction des aéronefs. J'y ai donné ma vie.
Mais je n'étais alors qu'un débutant à demi décidé,
ne voulant pas, dans la réalisation d'un projet dou-
teux, dépenser de fortes sommes.

Le premier moteur à pétrole de M. Santos-Dumont.

Je résolus donc la construction d'un ballon allongé, juste assez grand pour porter, avec mes cinquante kilos de poids personnel, ce que demanderaient en plus la nacelle, le gréement, le moteur, le combustible, et la quantité de lest strictement indispensable. En fait, je construisais un aéronef tout exprès pour mon petit moteur à tricycle!

Je cherchai, proche de ma demeure, au centre de Paris, l'atelier de quelque petit mécanicien où je pusse faire exécuter mon plan sous mes yeux mêmes et mettre moi-même la main à la besogne. Je trouvai ce que je cherchais dans la rue du Colisée. J'y travaillai d'abord à superposer deux cylindres de deux moteurs de tricycle sur un seul carter, de façon à n'actionner qu'une bielle, tout en n'étant alimentés que par un seul carburateur.

Pour tout ramener à un minimum de poids, j'allégeai chaque organe autant que je pus sans nuire à sa solidité. Je réalisai par là quelque chose d'intéressant pour l'époque, un moteur de trois chevaux et demi pesant trente kilos.

J'eus bientôt une occasion d'éprouver mon moteur-tandem. Les grandes séries de courses d'automobiles sur routes, qui semblent avoir atteint leur apogée dans la course Paris-Madrid en 1903, faisaient, en quelque sorte, monter par bonds, d'année en année, la puissance de ces merveilleux engins. En 1895, Paris-Bordeaux était gagné avec

une machine de quatre chevaux et une vitesse
moyenne, par heure, de vingt-cinq kilomètres. En
1896, Paris-Marseille et retour s'accomplissait à
l'allure de trente kilomètres à l'heure. En 1897, ce
fut Paris-Amsterdam. Bien que je ne fusse pas
inscrit pour la course, l'idée me vint d'y essayer
mon moteur-tandem, adapté au tricycle primitif.
Je partis, et j'eus la satisfaction de constater que
je suivais très bien. Et j'aurais pu, au terme de
l'épreuve, obtenir un classement honorable, car
mon véhicule était, de tous, le plus puissant relativement à son poids, et la vitesse moyenne du
gagnant ne dépassa pas quarante à l'heure. Mais
j'avais à craindre que la trépidation du moteur,
soumis à un aussi rude effort, ne le détraquât à la
longue, et je réfléchis que j'avais mieux à lui
demander.

Mon expérience d'automobiliste m'a beaucoup
servi pour mes aéronefs. Le moteur à pétrole est
encore une chose délicate et capricieuse. Et il y a,
dans son grondement qui ressemble à un crachot-
tement, des nuances dont le sens n'est intelligible
qu'à une oreille exercée. Que, quelque jour, dans
une de mes ascensions futures, le moteur de mon
aéronef me menace d'un danger, je suis convaincu
que mon oreille entendra la menace, et j'y prendrai garde. Cette faculté devenue presque instinctive, je la dois uniquement à l'expérience. Ayant

détruit le tricycle pour disposer du moteur, j'achetai, vers le même temps, une Panhard six chevaux du dernier modèle, avec laquelle j'allai de
Paris à Nice en cinquante-quatre heures, sans
arrêt de nuit ni de jour. Il est bien certain que
si je ne m'étais· donné à l'aérostation, je serais
devenu un fervent des courses d'automobiles,
passant continuellement d'un type à un autre,
cherchant constamment une vitesse supérieure,
marchant avec les progrès de l'industrie, comme
font tant d'autres, à la gloire des mécaniciens
français et du nouvel esprit sportif parisien.

Mes aéronefs m'arrêtèrent. Je ne pouvais quitter
Paris durant mes expériences. Les longues courses
ne m'étaient plus permises. L'automobile à
pétrole, avec la facilité merveilleuse qu'on a de
trouver le combustible dans la moindre bourgade,
perdit sa principale utilité à mes yeux. En 1898,
je vis par hasard un modèle qui m'était inconnu de
léger « buggy » électrique américain. Cela se
recommandait tout ensemble à mon œil, à mes
convenances et à ma raison : je l'achetai. Je n'ai
jamais eu à m'en plaindre. Mon buggy me sert à
courir Paris. Il va légèrement, en effet, sans bruit
et sans odeur.

J'avais déjà remis aux constructeurs le plan de
l'enveloppe de mon ballon. C'était celui d'un
ballon cylindrique, terminé en cône à l'avant et à

l'arrière, long de 25 mètres, avec un diamètre de
3^m,50 et une capacité de gaz de 180 mètres cubes.
Mes calculs ne me laissaient disposer que de
30 kilos pour le poids du ballon, vernis compris.
Je renonçai donc au filet ordinaire et à la « chemise » ou enveloppe extérieure, car je considérais que cette seconde enveloppe enfermant le
ballon proprement dit était non seulement super-
flue, mais fâcheuse, sinon dangereuse. A son
défaut, je fixai les cordes de suspension de la
nacelle directement à l'enveloppe unique, au
moyen de petites tiges de bois introduites dans de
longs ourlets horizontaux cousus des deux côtés
de l'étoffe sur une grande partie de la longueur
du ballon. En outre, pour ne pas dépasser, avec le
vernis, mon poids de 30 kilos, je recourus forcé-
ment à ma soie japonaise, qui avait montré tant
de solidité dans mon *Brésil*.

Sitôt qu'il eut pris connaissance du dispositif de
ma commande, M. Lachambre commença par la
refuser tout net. Il ne voulait aucune part dans
une entreprise aussi téméraire. Cependant, quand
je lui rappelai qu'à propos du *Brésil* il m'avait
tenu le même langage, et quand je l'assurai en
outre que, si besoin était, je taillerais et coudrais
le ballon moi-même, il céda et se chargea de l'affaire. Il taillerait, coudrait et vernirait le ballon
d'après mes plans.

M. Santos-Dumont mettant en action son premier moteur.

L'enveloppe étant ainsi en bonne voie, je pré-
parai ma nacelle, mon moteur, mon propulseur,
mon gouvernail et ma machinerie. Quand le tout
fut prêt, je le soumis à plusieurs expériences.
J'avais suspendu le système entier par une corde
aux poutres de l'atelier : je mis le moteur en
action et mesurai la force du mouvement d'impulsion que déterminait le propulseur battant
l'air derrière lui ; je m'opposai à ce mouvement
d'impulsion au moyen d'une corde fixée à un
dynamomètre, et je constatai que le pouvoir de
traction développé par le moteur dans le propulseur, avec deux bras mesurant chacun 1 mètre de
travers, atteignait 25 livres, soit 11 kilos 500. Un
pareil chiffre promettait une bonne vitesse à un
ballon cylindrique de la dimension du mien, dont
la longueur était égale à sept fois environ son diamètre. Avec 1.200 tours à la minute, et si tout se
passait normalement, le propulseur, qui était fixé
directement à l'arbre du moteur, imprimerait sans
peine à l'aéronef une vitesse d'au moins 8 mètres
par seconde.

Je fis le gouvernail avec de la soie tendue sur un
châssis d'acier triangulaire. Il ne me restait plus
rien à trouver, qu'un système de poids déplaçables
que, dès le début, je considérais comme indispensables. A cette fin, je disposai, l'un à l'avant,
l'autre à l'arrière, deux sacs de lest, suspendus par

des cordes à l'enveloppe du ballon ; au moyen de
cordes plus légères, chacun de ces deux poids
pouvait se ramener dans la nacelle (fig. 3), modi-
fiant ainsi le centre de gravité de tout le système. En ramenant le poids de l'avant, je ferais
monter l'avant en diagonale ; en ramenant le
poids de l'arrière, je produirais l'effet opposé.
J'avais, en plus, un guide-rope de 60 mètres de
long, dont je me servirais au besoin comme de
lest déplaçable.

Cette mise en œuvre me prit plusieurs mois, et
elle se fit tout entière dans le petit atelier de la rue
du Colisée, à quelques pas seulement de l'endroit
où l'Aéro-Club de Paris devait avoir un jour ses
premiers bureaux.

FIG. 3.

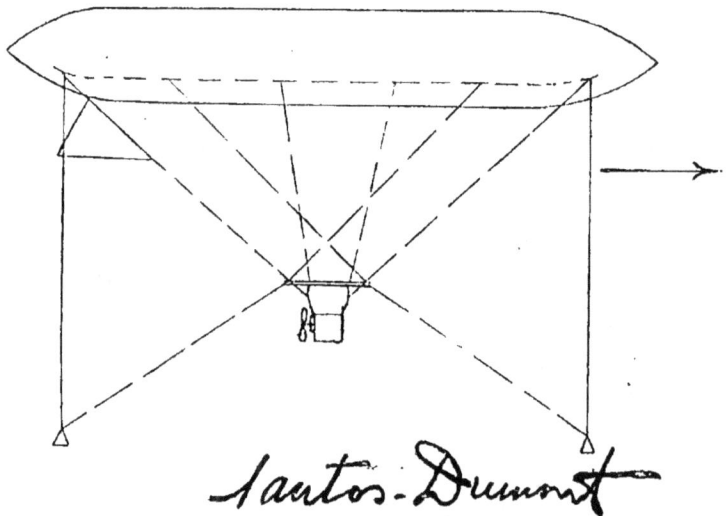

Gonflement du *Santos-Dumont* N° 1 au Jardin d'Acclimatation (18 septembre 1898).

CHAPITRE VII

MES PREMIÈRES CROISIÈRES EN AÉRONEF (1898)

Au milieu de septembre 1898, j'étais prêt pour un essai en plein air. Le bruit s'était répandu parmi les aéronautes parisiens, futur noyau de l'Aéro-Club, que je devais emporter dans ma nacelle un moteur à pétrole. Ils prirent sincèrement inquiétude de ce qu'ils appelaient ma témérité; et quelques-uns d'entre eux firent auprès de moi des instances amicales pour me démontrer le danger permanent d'un pareil moteur au-dessous d'un ballon rempli d'un gaz éminemment inflammable. Ils me pressaient d'y substituer, comme moins dangereux, un moteur électrique.

J'avais pris mes dispositions pour gonfler mon ballon au Jardin d'Acclimatation. Un ballon captif y était déjà installé avec tout ce qui lui était journellement nécessaire. Cette circonstance me permit d'obtenir sans difficulté, au prix de 1 franc le mètre cube, les 180 mètres cubes d'hydrogène dont j'avais besoin.

Le 18 septembre, mon premier aéronef, le *Santos-Dumont* N° 1 — comme on l'a nommé depuis, pour le distinguer de ceux qui suivirent, — s'allongeait sur le gazon, parmi les beaux arbres du jardin. Pour comprendre ce qui m'arriva, il n'est pas inutile que j'explique les conditions du lancement d'un ballon sphérique dans un endroit comme celui-ci où des bouquets d'arbres entourent le champ libre.

Le ballon pesé et équilibré, les aéronautes installés dans la nacelle, le ballon est prêt à quitter le sol avec une certaine force ascensionnelle. Les aides le conduisent alors vers l'extrémité du champ libre, du côté d'où vient le vent, et c'est là qu'est donné l'ordre : « Lâchez tout! » Ainsi le ballon, poussé par le vent, a tout le champ libre à traverser avant d'arriver soit aux arbres, soit aux obstacles d'autre sorte qui peuvent se dresser en face; il a l'espace utile pour s'élever au-dessus d'eux et les franchir. De plus, la force ascensionnelle du ballon est réglée selon la force du vent : très petite si le vent est faible; plus grande si le vent est fort.

Mais je pensais que mon aéronef serait capable d'aller contre le vent qui soufflait à ce moment; aussi avais-je l'intention de le placer, pour le

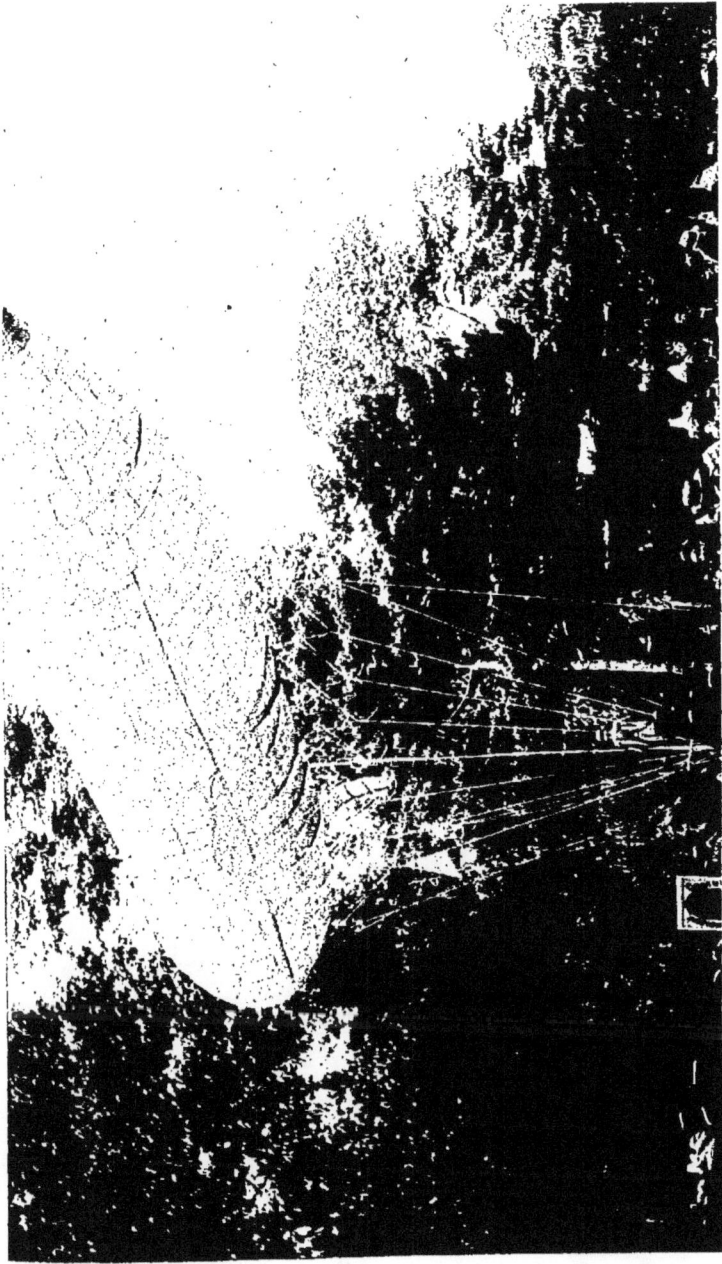

Premier départ du *Santos-Dumont* N° 1 au Jardin d'Acclimatation (18 septembre 1898).

départ, non pas à l'extrémité du champ libre dont
je viens de parler, mais à l'extrémité justement
contraire. Ainsi, mon ballon, actionné par le propulseur contre le vent debout, pourrait sortir aisément du champ libre; car, dans ces conditions, la
vitesse relative de l'aéronef devait représenter la
différence entre sa vitesse absolue et la vitesse du
vent, de sorte qu'en allant contre le courant j'aurais
tout le temps de m'élever et de passer par-dessus
les arbres. Évidemment, c'eût été une faute que de
placer l'aéronef à l'endroit indiqué pour un ballon
ordinaire n'ayant ni moteur ni propulseur.

Et ce fut pourtant à cet endroit que je le plaçai,
non certes de mon plein gré, mais par la volonté
des aéronautes professionnels venus se mêler à la
foule pour assister à mon expérience. En vain
expliquai-je qu'en me propulsant avec le vent
je courrais infailliblement le risque, en traversant le champ libre trop vite, de jeter l'aéronef
sur les arbres avant d'avoir pu m'élever au-dessus
d'eux, la vitesse de mon propulseur étant supérieure à celle du vent. Tout fut inutile. Les aéronautes n'avaient jamais vu partir un dirigeable. Ils
ne pouvaient admettre pour son lancement d'autres conditions que pour le lancement d'un ballon
sphérique, quelles que fussent entre les deux les
différences essentielles. Seul contre tous, j'eus la
faiblesse de céder.

Je partis de l'endroit qu'ils m'indiquèrent, et, dans la seconde même, mon aéronef, ainsi que je l'avais craint, allait se déchirer aux arbres.

L'accident prouva, du moins, à ceux qui en doutaient auparavant, l'efficacité de mon moteur et de mon propulseur.

Je ne perdis pas de temps en regrets. Deux jours plus tard, le 20 septembre, je partais du même champ libre, mais, cette fois, après avoir choisi moi-même mon point de départ.

Je franchis sans mésaventure les cimes des arbres et commençai tout de suite à évoluer autour d'eux, pour faire la démonstration de l'aéronef aux Parisiens accourus en foule. J'eus alors, comme je les ai eus sans cesse depuis, leur sympathie et leurs applaudissements; car mes efforts ont toujours trouvé dans le public parisien un témoin complaisant et enthousiaste.

Sous l'action combinée du propulseur donnant son mouvement à l'aéronef, du gouvernail lui donnant sa direction, du guide-rope que je déplaçais, des deux sacs de lest que je faisais glisser, à ma fantaisie, tantôt à l'avant, tantôt à l'arrière, j'eus la satisfaction d'évoluer en tous sens, à gauche et à droite, de bas en haut et de haut en bas.

Un tel résultat m'encourageait: le manque d'expérience me fit alors commettre une faute grave:

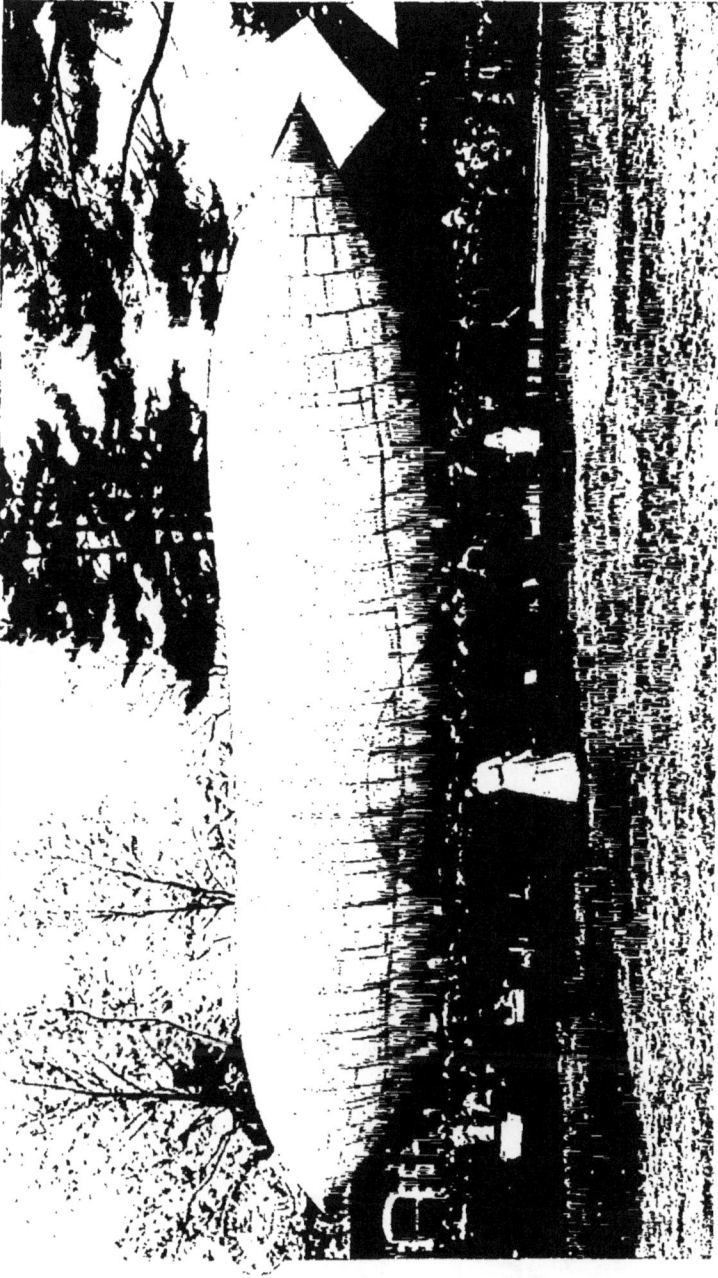

Le *Santos-Dumont* N° 1 réparé pour le départ (20 septembre 1898).

Deuxième départ du *Santos-Dumont* N° 1 (20 septembre 1898).

je m'élevai à 400 mètres, altitude insignifiante pour un ballon sphérique, mais absurde et inutilement dangereuse pour un aéronef en essai.

Premier voyage du *Santos-Dumont* N° 1 20 septembre 1898).

De cette hauteur, je voyais se dérouler sous moi le panorama des monuments de Paris. Je poursuivis mes évolutions dans la direction de l'hippodrome de Longchamps, que je choisis dès lors comme théâtre de mes expériences aériennes.

Tant que je continuai à monter, l'hydrogène,
par suite de la dépression atmosphérique, aug-
menta de volume; le ballon, bien tendu, gardait
sa rigidité; tout allait pour le mieux. Il n'en fut
pas de même à la descente. La pompe à air
chargée d'obvier à la contraction de l'hydrogène
se trouva d'une capacité insuffisante. Le long
cylindre que formait l'enveloppe se mit tout à
coup à se plier par le milieu, comme un canif; la
tension des cordes devint inégale; elles allaient
déchirer l'enveloppe. J'eus le sentiment que tout
était fini; d'autant que la descente, qui avait commencé, ne pouvait plus être arrêtée par les moyens
d'usage, à bord d'un aérostat où rien ne marchait
plus.

La descente tournait à la chute. Heureusement,
je tombais dans le voisinage de la pelouse de
Bagatelle, où des enfants jouaient au cerf-volant.
Une idée subite me traversa l'esprit : je leur criai
de saisir mon guide-rope, qui déjà touchait la
terre, et de courir de toutes leurs forces *contre le
vent.*

C'étaient des garçons intelligents; ils saisirent à
l'instant propice l'idée et la corde. Le résultat de
cette aide *in extremis* fut immédiat, et tel que je
l'avais espéré. La manœuvre amortit la rapidité
de la chute et, tout au moins, m'évita une mau-
vaise secousse.

Sauvé, pour la première fois ! Je remerciai mes braves gamins, qui, par surcroît, m'aidèrent à tout emballer dans ma nacelle ; je me procurai une voiture ; et je rapportai à Paris les reliques de l'aéronef.

CHAPITRE VIII

SENSATIONS DE NAVIGATION AÉRIENNE

En dépit de mon malheur, je n'éprouvai, cette nuit-là, que de l'ivresse. Le sentiment du succès m'emplissait l'âme. J'avais navigué dans l'air. J'avais accompli toutes les évolutions que comporte le problème. *L'accident lui-même n'était dû à aucune cause prévue par les aéronautes de métier.*

J'étais monté sans sacrifice de lest; j'étais descendu sans sacrifice de gaz; mes poids déplaçables avaient fonctionné avec un plein effet; on ne pouvait me chicaner le triomphe de mes vols obliques. Personne avant moi n'en avait réalisé de pareils.

Bien entendu, au moment du départ, ou très peu après qu'on a quitté le sol, il arrive parfois qu'on soit obligé de jeter du lest pour équilibrer la machine. Une erreur est chose naturelle, et l'on peut être parti avec un excès de poids. Je

9

n'ai voulu parler que de manœuvres aériennes.

Ma première impression de navigateur aérien fut, je l'avoue, de la surprise : surprise de sentir l'aéronef aller droit devant lui, surprise de sentir le vent me souffler au visage. Dans l'aérostation sphérique, on marche avec le vent, on ne le sent pas. Sans doute, en montant et en descendant, l'aéronaute, à bord d'un ballon sphérique, sent le frottement de l'atmosphère, et l'oscillation verticale fait flotter le drapeau; mais dans le mouvement horizontal le ballon ordinaire semble rester stationnaire, pendant que la terre fuit sous lui.

Donc, tandis que mon aéronef coupait l'air de son avant, le vent me frappait la figure, et mon veston flottait comme sur le pont d'un transatlantique. Sous d'autres rapports, d'ailleurs, il serait plus exact de comparer la navigation aérienne à la navigation fluviale, sur vapeur. Elle ne ressemble pas à la navigation à voiles. Quand on parle de « louvoyer », cela ne veut rien dire. Si le moindre vent souffle, il souffle dans une direction donnée; l'analogie est complète avec un courant de fleuve. S'il n'y a pas de vent du tout, la navigation aérienne devient alors comparable à la navigation sur les eaux lisses d'un lac. C'est ce qu'il importe de bien comprendre.

Supposez que mon moteur et mon propulseur m'impriment dans l'air une poussée de 20 milles

à l'heure. Je suis dans la situation du capitaine
d'un vapeur dont le propulseur détermine, soit
qu'il monte le fleuve, soit qu'il le descende, une
poussée de 20 milles à l'heure. Imaginez maintenant que le courant soit de 10 milles à l'heure. Si
le vapeur navigue contre le courant, il fait 10 milles
à l'heure par rapport au rivage, bien qu'il fournisse dans l'eau une vitesse de 20 milles. S'il
marche avec le courant, il fait 30 milles à l'heure
par rapport au rivage, bien qu'il ne fournisse pas
dans l'eau une vitesse plus grande. C'est une des
raisons qui rendent si difficile l'évaluation de la
vitesse d'un aéronef.

C'est aussi pourquoi les capitaines d'aéronefs
aimeront toujours mieux, pour leur plaisir, naviguer par temps calme, et pourquoi, trouvant un
courant contraire, ils tâcheront d'y échapper par
une montée ou une descente oblique. Ainsi font
les oiseaux. Le yachstman, sur son voilier, en
mer, réclame une bonne brise, car il ne peut rien
sans elle; en rivière, le capitaine de vapeur ser-
rera toujours de près le rivage, afin d'éviter le
courant, et s'arrangera pour descendre la rivière
plutôt avec le jusant qu'avec le flot. Nous autres,
marins d'aéronefs, nous sommes des capitaines de
vapeur et non pas de yacht à voile.

Le navigateur aérien n'a sur l'autre qu'un avantage, mais qui est grand : il peut quitter un cou-

rant pour un autre. L'air est plein de courants variables. En montant, il trouvera soit une brise
favorable, soit une région calme. Ce ne sont ici que
des considérations pratiques, n'ayant rien à voir
avec l'aptitude de l'aéronef à lutter, le cas échéant,
contre la brise.

Avant le départ, lors de mon premier voyage, je
me demandais si j'aurais le mal de mer. Je prévoyais que de monter et descendre obliquement
par le déplacement des poids, ce pourrait être une
sensation désagréable. Je m'attendais à beaucoup
de « tangage », comme on dit à bord des navires.
J'aurais sans doute moins de roulis. Les deux sensations seraient nouvelles en aéronautique, le
ballon sphérique ne donnant aucune sensation de
mouvement.

Pourtant, avec mon premier aéronef, la suspension étant très longue et se rapprochant de celle
d'un ballon sphérique, je n'eus que très peu de
roulis. D'une façon plus générale, bien qu'on ait
dit qu'à tel ou tel de mes voyages mon aéronef roulait considérablement, je n'ai jamais, depuis le premier jour, connu le mal de mer. Cela tient peut-
être à ce que, sur l'eau, je suis rarement sujet à
cette disgrâce. Dans ma traversée du Brésil en
France, de France aux États-Unis, j'ai eu toutes
sortes de temps. Une fois, en cours de route pour
le Brésil, la tempête fut si violente que le piano à

queue se détacha et cassa la jambe d'une dame.
Cependant, je ne fus pas malade.

Je sais bien que ce qu'on éprouve de plus pénible en mer, ce n'est pas tant le mouvement
que la petite hésitation du navire avant qu'il
tangue, la plongée ou l'ascension malicieuse qui
suit, et qui n'est jamais tout à fait la même, le choc
qui se produit, soit au creux, soit au sommet de la
lame. A tout cela s'ajoutent, pour l'aggraver, les
odeurs de peinture, de vernis, de goudron, mêlées
aux relents de cuisine, à la chaleur des chaudières,
à la puanteur de la fumée, aux émanations de la
cale.

A bord d'un aéronef, pas d'odeur. Tout est pur et
net. Le tangage même va sans aucune des secousses, aucune des hésitations du navire en mer.
Le mouvement a la douceur d'un glissement, sans
doute parce que les vagues de l'air opposent une
moindre résistance. Moins fréquent que sur mer,
le tangage est aussi moins rapide; la plongée se
fait sans arrêt brusque; on peut, par la pensée,
prévoir le terme de la courbe; et il n'y a pas de
choc pour donner à l'estomac une bizarre sensation
de vide.

Mais ce n'est pas tout. A bord d'un transatlantique, les secousses sont dues principalement à ce
que l'avant et l'arrière de la construction géante
sortent tour à tour de l'eau pour y replonger.

9.

L'aéronef ne quitte jamais son élément, l'air, dans lequel il ne fait que se balancer.

Cette considération m'amène à la plus remarquable de toutes les sensations de navigation aérienne. A mon premier voyage, j'en fus réellement saisi. Je veux dire la sensation tout à fait neuve de se mouvoir dans une dimension supplémentaire.

L'homme n'a jamais rien connu qui ressemble à la libre existence verticale. Retenu à la surface du sol, il ne fait guère de mouvement vers « en bas » que quand il revient, après une brève escapade vers « en haut », à la surface du sol ; nos esprits ne quittent jamais la surface plane même quand nos corps s'élèvent ; cela est si vrai que l'aéronaute enlevé par un ballon sphérique n'a aucune sensation de mouvement, mais éprouve l'impression que la terre descend sous lui.

Relativement aux combinaisons de mouvements verticaux et horizontaux, l'homme est, d'une façon absolue, sans expérience. Donc, comme toutes nos sensations de mouvement s'exercent pratiquement dans deux dimensions, l'extraordinaire nouveauté de la navigation aérienne réside en ceci, qu'elle nous apporte l'expérience non pas, sans doute, de la quatrième dimension, mais de ce qui est, pratiquement, une dimension supplémentaire, la troisième : et le miracle est pareil. En vérité, je ne saurais dire l'étonnement, la joie, la griserie que procure ce libre mouvement diagonal de l'avant, soit en montée, soit en descente, combiné avec de brusques changements horizontaux de direction quand l'aéronef répond à un coup de gouvernail. Les oiseaux doivent éprouver la même sensation quand ils déploient leurs grandes ailes et que leur vol s'infléchit dans le ciel...

Por mares nunca d'antes navegados![1]

Le vers de notre grand poète chantait dans ma mémoire depuis l'enfance. Après la première de mes croisières, je le fis inscrire sur mon drapeau.

Les ballons sphériques m'avaient, il est vrai, préparé à une sensation, à une seule, la sensation de hauteur. Il est donc curieux que, préparé comme je l'étais à cet égard, je n'aie trouvé d'impressions désagréables que dans le sentiment de la hauteur. Je m'explique.

Les admirables combinaisons nouvelles de mouvements verticaux et horizontaux, qui avaient jusqu'ici échappé aux expériences humaines, ne me causèrent ni surprise ni trouble. De l'avant dressé de mon aéronef, je fendais l'air en diagonale, comme

1. Par les mers qu'on n'a jamais encore explorées.

par une sorte de faculté instinctive. Au contraire,
quand je me mouvais horizontalement, pour ainsi
dire dans la position naturelle, un coup d'œil jeté
sous moi, vers les toits des maisons, me donnait
de l'inquiétude.

« Qu'arrivera-t-il si je tombe? » me disais-je. Les
toits semblaient si dangereux, avec les cheminées
qui les hérissaient! Voilà une pensée qu'on a rarement à bord d'un ballon sphérique : on sait que le
danger, dans l'air, n'existe pas ; un grand ballon
sphérique ne peut perdre subitement son gaz ni
éclater. Mon petit aéronef, lui, avait à supporter
la pression non seulement extérieure, mais intérieure, ce qui n'est pas le cas avec un ballon sphérique, on verra pourquoi au chapitre suivant ; et
la moindre déformation du cylindre de mon ballon par suite d'une perte de gaz pouvait m'être
fatale.

Tant que je fus au-dessus des toits, j'éprouvai
qu'il serait fâcheux de tomber. Mon inquiétude
s'évanouit sitôt que j'eus quitté Paris et que je me
trouvai flottant au-dessus du Bois de Boulogne.
Sous moi semblait se dérouler un vaste, sûr et
paisible océan de verdure.

Ce fut dans le prolongement de cette verdure,
alors que je dominais la pelouse gazonnée de Longchamps, que mon ballon, ayant perdu beaucoup
de son gaz, commença à se replier sur lui-même.

J'entendis d'abord un bruit. Je levai les yeux et m'aperçus que le long cylindre était en train de se briser. Ma surprise égala mon émotion. Je me demandai ce que je pouvais bien faire.

Je ne trouvais rien. Je pouvais jeter du lest : cela ferait remonter le ballon ; la pression atmosphérique devenant moindre, le gaz en se dilatant, tendrait de nouveau l'enveloppe ; le ballon, avec sa rigidité, reprendrait sa solidité. Mais je réfléchis qu'il me faudrait toujours redescendre quand le danger se représenterait, aussi grave, plus grave même, à cause de tout le gaz que j'aurais perdu. Je n'avais rien à faire que de redescendre tout de suite.

Je me souviens d'avoir eu cette certitude : « Si le cylindre du ballon continue à se plier, les cordes qui me portent, travaillant à forces inégales, viendront à se rompre une par une tandis que je descends. »

Je ne doutai pas, à ce moment, que je fusse en face de la mort. Eh bien, je le dis franchement, ce que j'éprouvais n'était que de l'attente et de la curiosité.

— Que va-t-il se passer tout à l'heure ? pensais-je. Que vais-je voir et savoir dans quelques minutes ? Que verrai-je quand je serai mort ?

Je tressaillis à la pensée que dans quelques minutes je retrouverais mon père. Vraiment, je crois

qu'en de tels instants il n'y a de place ni pour des
regrets ni pour de l'épouvante. L'esprit est trop
tendu à regarder devant lui. On n'a peur qu'autant
qu'on a encore une chance.

CHAPITRE IX

MACHINES EXPLOSIVES, GAZ INFLAMMABLES

J'ai été si souvent et si sincèrement prévenu contre ce que l'on considère comme le danger admis et évident de machines explosives travaillant sous des masses de gaz inflammables, que l'on me pardonnera de m'arrêter un moment à me justifier d'une témérité gratuite et irréfléchie.

Très naturellement, dès le principe, la question du danger physique appela mon attention. J'étais partie intéressée ; et j'essayai d'envisager tous les aspects du problème. Le résultat de mes méditations fut de beaucoup me rassurer quant aux risques du feu ; en revanche, je gardai des doutes sur certaines autres possibilités contre lesquelles personne n'avait jamais songé à me mettre en garde.

Je me rappelle que, tandis que je travaillais au

premier de mes aéronefs dans le petit atelier de la
rue du Colisée, je ne cessais de me demander
comment, dans l'air, les vibrations du moteur à
pétrole affecteraient le système.

Nous n'avions pas encore, à cette époque, les
automobiles d'aujourd'hui, exempts de bruit et de
grandes vibrations. A l'heure actuelle, il n'est pas
jusqu'aux énormes moteurs de 80 et 90 chevaux
des derniers modèles de courses qu'on ne lance et
n'arrête aussi doucement que ces grands marteaux-
pilons des fonderies de fer avec lesquels les ingénieurs s'amusent à briser le haut d'un œuf sans
endommager le reste de la coquille.

Mon moteur-tandem à deux cylindres, actionnant une seule bielle et alimenté par un carburateur unique, réalisait une force de 3 chevaux et
demi — ce qui, pour son poids, était alors une force
considérable —; et je n'avais aucune idée de la
façon dont il se comporterait une fois qu'il aurait
quitté la terre ferme. J'avais vu les sauts de certains
moteurs sur les routes. Que ferait le mien dans ma
petite nacelle d'un poids infime, suspendue à un
ballon sans poids?

On connaît le principe de ces moteurs. Un
récipient contient de la gazoline. De l'air traverse ce récipient et en sort mêlé à du gaz
prêt à exploser. On fait tourner une manivelle :
l'appareil commence à fonctionner automatique-

ment; le piston descend, aspirant dans le cylindre de l'air et du gaz combinés; puis il remonte et comprime le mélange. A ce moment jaillit une étincelle électrique; une explosion immédiate s'ensuit; le piston descend encore, produisant du travail; après quoi, de nouveau, il remonte et chasse au dehors le résidu de la combustion. Ainsi, avec les deux cylindres, il y avait une explosion à chaque tour.

Désireux d'éclaicir mes idées sur la question, je pris mon tricycle dans l'état même où l'avait laissé la course Paris-Amsterdam; accompagné d'un homme compétent, je le menai dans un endroit isolé du Bois de Boulogne; là, au cœur du Bois, je choisis un grand arbre ayant des branches basses; et, par trois cordes, je suspendis à deux de ces branches le tricycle et son moteur.

La suspension bien établie, mon compagnon m'aida à grimper et à m'asseoir sur la selle. J'étais là comme sur une balançoire. Dans un instant, je mettrais le moteur en marche, et je saurais quelque chose de mon succès ou de mon échec à venir.

La vibration de ma machine explosive me donnerait-elle des secousses longitudinales? Fatiguerait-elle les cordes jusqu'à inégaliser leurs tensions et les rompre une à une? Ebranlerait-elle la pompe intérieure du ballon à air et dérangerait-

10

elle les valves du grand ballon? Tirerait-elle, par
de continuelles saccades, sur les ourlets de soie
et sur les minces tiges de bois fixant la nacelle à
l'enveloppe? Une fois perdu l'appui qu'il trouve
au contact du sol, le moteur ne vibrerait-il jusqu'à
se briser? Et, en se brisant, ne pourrait-il faire
explosion?

Toutes ces choses, et bien d'autres, m'avaient
été prédites par les aéronautes professionnels; et
rien, sinon le raisonnement, ne m'avait encore
démontré qu'ils ne fussent dans le vrai sur tel ou
tel point.

Je mis le moteur en marche. Il ne fit sentir
aucune vibration particulière; et je ne fus pas le
moins du monde secoué. J'augmentai la vitesse :
les vibrations diminuèrent. Pas de doute possible :
mon léger tricycle suspendu dans l'air donnait
moins de vibrations que je n'en avais régulièrement senties quand je voyageais, par les moyens
du moteur, sur la terre ferme. Ce fut mon premier triomphe aérien.

Je le dis sincèrement : à ma sortie de début en
aéronef, je partis sans aucune crainte du feu. Ce
que je craignais, c'était que la pression intérieure
ne fût de force à faire éclater l'enveloppe. Je le
crains encore.

Avant de m'élever, j'avais minutieusement essayé
les valves. Je continue de les essayer à chacune de

mes sorties. Le danger, en effet, c'était un fonctionnement insuffisant des valves et, par suite, au moment où le ballon s'élève, une dilatation de gaz
susceptible de déterminer l'explosion. Ici est la
grande différence entre le ballon sphérique et le
dirigeable. Le ballon sphérique est toujours ouvert.
Quand le gaz le tend bien, sa forme est celle d'une
pomme ; il prend l'aspect d'une poire quand il perd
de son gaz ; en tout cas, l'orifice dont il est muni
dans son fond — à l'endroit où se placerait la queue
de la pomme ou de la poire, — offre au gaz une voie
de dégagement dans les continuelles alternatives
de condensation et de dilatation. Une pareille soupape préserve le ballon sphérique de tous risques
d'éclatement dans l'air. La rançon de cette immunité, c'est que la perte de gaz est très grande dans
le ballon sphérique et que son séjour dans l'air en
est fatalement abrégé. Un jour viendra où quelque
aéronaute de ballon sphérique fermera l'orifice. De
fait, on en parle déjà.

Je dus le fermer dans le ballon de mon aéronef,
dont il me fallait à tout prix sauver la forme cylindrique. Il s'agissait d'écarter, en effet, toute possibilité de transformation, comme de pomme en
poire ; et la pression intérieure seule suffirait à
m'en garantir. Mes valves d'aéronefs ont été, depuis ma première expérience, de toutes sortes :
certaines, très ingénieuses et à action réciproque ;

d'autres, extrêmement simples ; de toute façon,
elles n'ont jamais eu pour objet que de tenir le
gaz resserré dans le ballon jusqu'à une pression
donnée, passé laquelle elles en laissent fuir autant
qu'il faut pour diminuer la dangereuse pression
intérieure. Il est donc facile de se rendre compte
que, si les valves refusent de fonctionner suffisamment, le danger d'éclatement existe.

Ce danger possible, je me l'avouais à moi-même ;
mais il n'avait rien à voir avec la flamme du moteur explosif. Pourtant, pendant toute la durée de
mes préparatifs, et jusqu'au moment du « Lâchez
tout ! », les aéronautes professionnels, oubliant
complètement où gisait le point faible de l'aéronef,
persistèrent à me mettre en garde contre le feu,
dont je n'avais nulle crainte !

— Osons-nous, me demandaient-ils, enflammer
des allumettes dans la nacelle d'un ballon sphérique ? Nous permettons-nous même la douceur
d'une cigarette au cours de voyages qui durent
plusieurs heures ?

Mais leur cas ne me semblait pas le mien. Et
d'abord, pourquoi ne pourrait-on enflammer une
allumette dans la nacelle d'un ballon sphérique ?
Si c'est seulement parce que l'esprit rejoint vaguement les deux idées de gaz et de flamme, le
danger reste, en quelque sorte, idéal. Si c'est à
cause de la possibilité réelle d'une inflammation

du gaz qui, par l'orifice libre, s'échappe dans la
queue du ballon sphérique, l'hypothèse ne m'est
pas applicable. Si, par suite d'une pression exces-
sive, une très faible quantité de gaz ou d'air
s'échappait au travers des valves automatiques,
mon ballon, hermétiquement clos, pourrait alors

laisser un
instant der-
rière lui
une légère
traînée de
gaz dans
une direction ho-
rizontale ou diago-
nale, mais jamais il
n'en laisserait devant
lui, c'est-à-dire de-
vant le moteur.

Fig. 4.

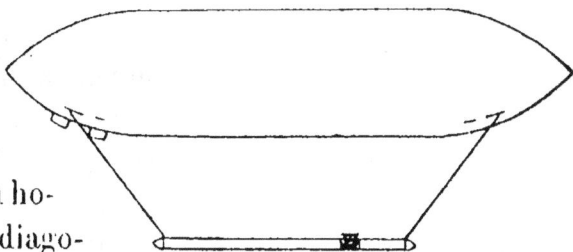

Dans mon premier
aéronef, j'avais placé
les valves à échappe-
ment de gaz plus loin même du moteur que je ne
fais à l'heure actuelle. Les cordes de suspension
étant très longues, j'étais suspendu dans ma nacelle très au-dessous du ballon. Et je me disais :

— Comment se pourrait-il qu'à pareille distance
au-dessous du ballon, à pareille distance en avant
des valves, mon moteur enflammât le gaz contenu

10.

dans l'enveloppe, alors qu'un gaz de cette nature
n'est pas inflammable tant qu'il n'est pas mélangé
avec l'air?

Dans cette première expérience, comme dans la
plupart de celles qui suivirent, je fis usage de gaz
hydrogène. Sans doute, mélangé avec l'air, il est
terriblement inflammable ; encore faut-il d'abord
qu'il soit mélangé avec l'air. Tous mes petits modèles de ballons sont en permanence gonflés d'hydrogène : à l'intérieur de ces ballons ainsi gonflés, je me suis amusé souvent à enflammer leur
hydrogène, mélangé avec l'oxygène de l'air. Il
suffit, pour cela, d'insérer dans le ballon modèle
un petit tube, d'amener, par ce conduit, au moyen
d'une pompe, un peu de l'air ambiant, et de
l'allumer ensuite avec une étincelle électrique. De
même, au plus léger trou d'épingle, mon aéronef,
par suite de la pression intérieure, eût dégagé
dans l'air un mince et long filet d'hydrogène susceptible de prendre feu s'il s'était rencontré une
flamme assez proche. Mais il ne s'en rencontrait
aucune.

Tel était le problème. Sans doute, mon moteur
projetait des flammes dans un rayon, pourrai-je
dire, d'un demi-mètre. C'étaient, d'ailleurs, simplement, des jets de flammes, non des particules
enflammées, d'une combustion encore incomplète,
comme les étincelles d'une machine à vapeur. Dans

Nº 9. — Retour de flamme, au-dessus de la Seine (Ile de Puteaux).

ces conditions, comment le fait d'avoir, si loin au-
dessus du moteur, une masse d'hydrogène non
mélangée d'air et bien protégée par une enveloppe
étanche, pouvait-il devenir un danger ?

J'avais beau tourner et retourner la question
dans ma cervelle, je ne voyais qu'un danger possible de feu : le danger que le réservoir à pétrole,
par un retour de flamme du moteur, ne prît feu lui-
même. Je puis dire ici en passant que pendant cinq
ans je n'eus jamais de retour de flamme. Or, la
même semaine où M. Vanderbilt se brûlait si griè-
vement (6 juillet 1903), le même accident m'arriva dans mon petit aéronef de promenade N° 9, au
moment précis où je traversais la Seine pour atterrir à Puteaux. J'éteignis promptement les flammes
avec mon panama. L'accident n'eut pas de suites.

Pour les raisons que je viens de dire, c'est sans
aucune crainte du feu que je partis sur mon premier aéronef ; mais non pas sans crainte d'une
explosion déterminée par le fonctionnement insuffisant des valves à échappement de gaz. Qu'il se
produisît ainsi une explosion « froide », et les jets
de flammes du moteur mettraient sans doute le feu
au mélange d'hydrogène et d'air qui m'entourerait.
Cela, d'ailleurs, ne changerait rien au résultat, et
l'explosion « froide » y suffirait seule.

A l'heure actuelle, après cinq ans d'expériences,
et malgré le retour de flamme dont je faillis être

victime au-dessus de l'île de Puteaux, je continue
à regarder le danger du feu comme pratiquement
inexistant. Mais la possibilité d'une explosion
« froide » me hante toujours; il faut qu'à cet égard
je continue à acheter l'immunité au prix d'une
surveillance rigoureuse de mes valves. Et, vraiment, la possibilité d'une explosion de cette nature
est devenue techniquement plus grande aujour-
d'hui qu'aux jours de mes premières tentatives.
Mon N° 1 n'était pas construit pour faire de la vitesse; conséquemment, il ne fallait à son ballon
qu'une très faible pression intérieure pour qu'il
gardât sa forme. Aujourd'hui où j'arrive, avec mon
N° 7, par exemple, à une grande vitesse, il me faut
une pression intérieure énorme pour résister à la
pression extérieure qu'exerce, sur l'avant du ballon, l'air à travers lequel il se fraye un passage.

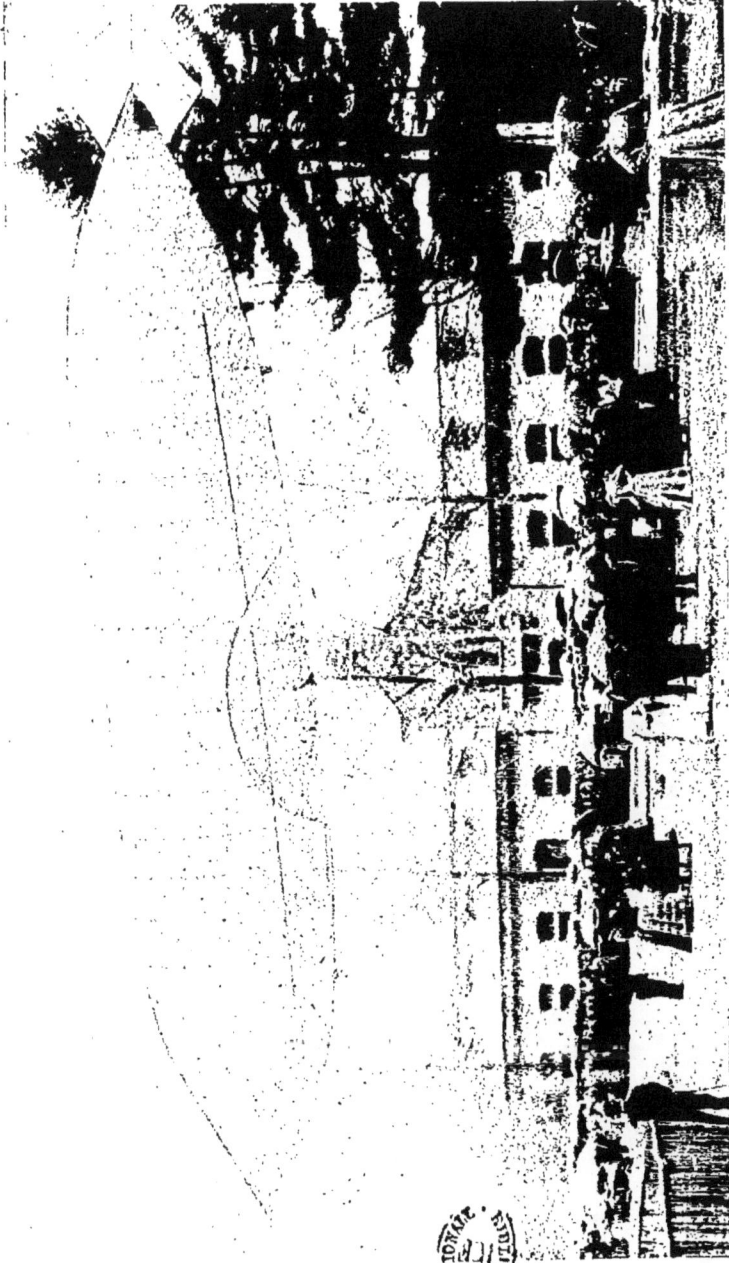

Gonflement du No 2 dans la pluie au Jardin d'Acclimatation (11 mai 1899).

CHAPITRE X

JE ME LANCE DANS LA CONSTRUCTION
DES DIRIGEABLES

Dans les premiers jours du printemps de 1899, je construisis un autre aéronef que le public parisien baptisa tout de suite le *Santos-Dumont* N° 2. Il avait la même longueur que le premier et, à première vue, la même forme ; mais son diamètre plus grand faisait monter son volume à 200 mètres cubes et augmentait de 20 kilos sa force ascensionnelle. Je m'étais rendu compte de l'insuffisance de la pompe à air, qui avait failli m'être mortelle ; et j'avais ajouté un petit ventilateur d'aluminium pour assurer au ballon la permanence de sa forme.

Ce ventilateur était un éventail rotatoire, chargé d'envoyer de l'air dans le petit ballon à air intérieur cousu au fond du grand ballon comme une sorte de poche close. Dans la figure 5, G repré-

11

sente le grand ballon rempli de gaz hydrogène ; A,
le ballon à air intérieur ; VV, les valves à gaz automatiques ; AV, la valve à air ; et TV, le tube par
lequel le ventilateur rotatoire alimentait le ballon
à air intérieur.

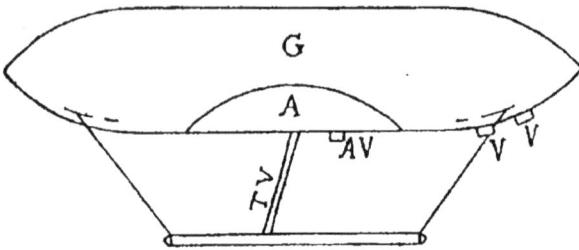

La valve à air AV était une valve d'évacuation
analogue aux deux
valves à gaz VV
du grand ballon,
avec cette seule dif-
férence qu'elle était
plus faible ; de sorte
que si un excès de
fluide — gaz ou air,
ou gaz et air tout
ensemble,
— amenait
une tension
du grand
ballon, elle
laissait fuir

Fig. 5.

tout l'air avant de donner issue à la moindre par-
ticule de gaz.

Le premier essai de mon N° 2 était décidé pour
le 11 mai 1899. Malheureusement, le temps, qui
avait été beau le matin, devint pluvieux l'après-
midi. Je ne possédais pas, à cette époque, une
station aéronautique. Toute la matinée, mon

ballon s'emplit lentement de gaz hydrogène à la
station du ballon captif du Jardin d'Acclimatation.
Faute d'un abri, on dut procéder au gonflement en
plein air, et il se fit dans des conditions fâcheuses,
avec force délais, à-coups et excuses.

La pluie survint là-dessus qui mouilla le ballon.
Que faire? Ou le vider, et perdre ainsi, outre l'hydrogène, mon temps et ma peine; ou continuer,
quel que fût l'inconvénient d'une enveloppe toute
chargée d'eau et trop lourde?

Ascension du 11 mai 1899.

Je décidai de partir sous la pluie. Mais à peine m'élevai-je que le mauvais temps détermina une grande contraction de l'hydrogène. Le long ballon cylindrique se rétrécit à vue d'œil. La pompe à air n'avait pas encore eu le temps d'y remédier que, plié par un fort coup de vent, pis que cela n'était arrivé au Nº 1, mon aéronef allait se jeter sur les arbres voisins.

Et mes amis de reprendre :

— Cette fois, vous avez une leçon. Comprenez enfin qu'il n'est pas possible de garder sa rigidité à votre ballon cylindrique. Et ne vous exposez pas davantage aux risques d'un moteur à pétrole placé sous le ballon.

Cependant, je me disais en moi-même :

— Qu'a de commun la rigidité de forme du ballon avec le danger d'un moteur à pétrole? Erreur n'est pas compte. J'ai une leçon, mais non pas celle qu'on veut dire.

Et j'entrepris tout de suite la construction d'un Nº 3, qui eût un ballon plus court et sensiblement plus gros, long de 20 mètres, avec un diamètre maximum de 7^m50 (Fig. 6, page 133). Sa capacité beaucoup plus grande (500 mètres cubes) lui donnerait, avec l'hydrogène, trois fois la force ascensionnelle de mon premier aéronef, et deux fois celle du second. Ceci me permettait d'employer le gaz d'éclairage ordinaire, dont la force ascensionnelle

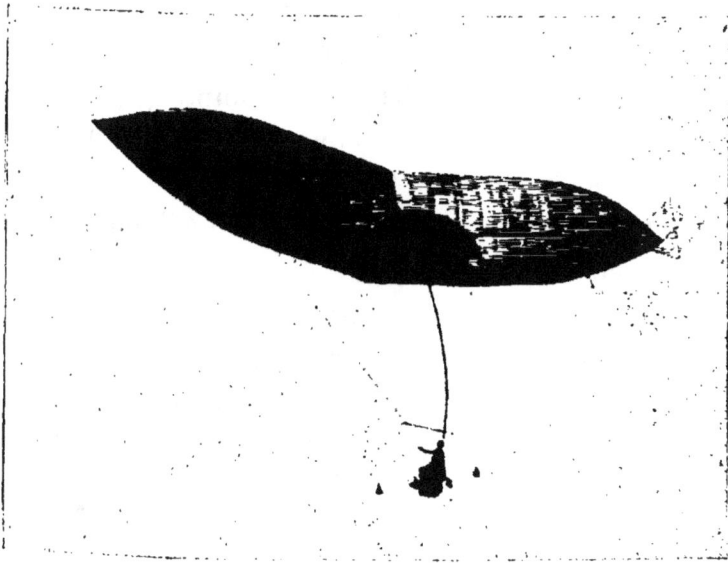

Catastrophe du 11 mai 1899 (a).

est, à peu près, de moitié moindre que celle de l'hydrogène. L'appareil à hydrogène du Jardin d'Acclimatation m'avait toujours peu satisfait. Avec le gaz d'éclairage, je pourrais partir des ateliers de mon constructeur, ou de tout autre endroit à ma fantaisie.

On le voit, je m'éloignais notablement de la forme cylindrique de mes deux premiers ballons. Désormais, me disais-je, j'éviterai au moins le repliement. La forme plus arrondie du nouveau modèle m'offrait, en outre, la possibilité de me passer du ballon à air intérieur et de sa pompe d'alimentation qui, par deux fois, avait refusé de remplir tout son office à la minute critique. Supposé que ce ballon, plus court et plus gros, eût besoin qu'on l'aidât à garder sa forme sphérique, je comptais, à cet effet, sur une tige raide de bambou, longue de 10 mètres (PK, fig. 6), fixée en travers des cordes de suspension, au-dessus de ma tête, immédiatement au-dessous du ballon.

Bien qu'elle ne constituât pas une vraie quille, cette traverse-quille soutenait la nacelle et le guide-rope; et elle me permettait de manœuvrer beaucoup plus efficacement mes poids déplaçables.

Le 13 novembre 1899, je quittai, à bord du *Santos-Dumont* N° 3, l'établissement de Vaugirard. Cette ascension fut la plus heureuse que j'eusse encore faite.

De Vaugirard, j'allai directement au Champ-de-Mars, que j'avais choisi à cause de sa vaste étendue libre. Là, je pus m'exercer à mon gré dans la navigation aérienne, décrivant des cercles, filant en ligne droite, imposant à l'aéronef des montées diagonales, des descentes diagonales, par la force du propulseur, et acquérant ainsi la maîtrise de mes poids déplaçables. Ceux-ci, à cause de la plus grande distance où ils se trouvaient maintenant l'un de l'autre, aux extrémités de ma traverse-quille, me donnèrent des résultats qui m'étonnèrent moi-même. Ce fut ma plus belle victoire. Il m'était déjà avéré que la vérité essentielle de l'aérostation dirigeable devait toujours être : « Descendre sans sacrifier de gaz, monter sans sacrifier de lest ».

Au cours de ces évolutions sur le Champ-de-Mars, mon esprit ne s'arrêta pas spécialement à la Tour Eiffel. Tout au plus me sembla-t-elle un monument intéressant à contourner, et je la con-

Catastrophe du 11 mai 1899 (b).

tournai, en effet, plusieurs fois, à une sage distance. Puis, sans songer le moins du monde à ce que me réservait l'avenir, je pris tout droit la direction du Parc-des-Princes, *presque sur la ligne exacte qui, deux ans plus tard, devait marquer la route dans l'épreuve du prix Deutsch.*

Je me rendis au Parc-des-Princes parce que c'est, là aussi, un bel endroit ouvert. Quand j'y fus arrivé, cependant, je n'eus pas envie de descendre. Je fis donc un crochet, et mis le cap sur le champ de manœuvre de Bagatelle, où j'atterris enfin, en souvenir de ma chute de l'année précédente. C'était presque à cette même place que des enfants qui jouaient au cerf-volant avaient tiré sur mon guide-rope et m'avaient ainsi préservé d'une fâcheuse secousse. On se rappelle qu'à ce moment ni l'Aéro-Club ni moi-même ne possédions de parc à ballon ni de garage d'où partir et où retourner.

Je calculai que dans cette ascension, si l'air avait été calme, ma vitesse relativement au sol eût atteint 25 kilomètres à l'heure. En d'autres termes, je réalisais dans l'air cette vitesse, le vent étant fort, mais non pas violent. Donc, même si des raisons sentimentales ne m'avaient fait atterrir à Bagatelle, j'aurais hésité à revenir avec le vent à la station de Vaugirard, petite, difficile d'accès, entourée par les constructions de toute nature

Catastrophe du 11 mai 1899 (c).

d'un quartier très actif. L'atterrissage dans Paris est généralement dangereux, pour quelque ballon que ce soit, parmi les tuyaux de cheminées qui menacent de déchirer son flanc, et les tuiles toujours prêtes à choir sur les têtes des gens qui passent. Plus tard, quand les aéronefs seront d'un usage aussi commun qu'aujourd'hui les automobiles, il faudra bien construire pour eux, dans les divers quartiers de Paris, des plates-formes d'atterrissage publiques et particulières.

Ces plates-formes, M. Wells les a déjà prévues dans son étrange livre : *Quand le dormeur s'éveille*.

Des considérations de cet ordre firent naître chez moi le désir d'un matériel qui m'appartînt en propre. J'avais besoin d'un bâtiment où loger mon aéronef dans les intervalles de mes petits voyages. Jusqu'ici, j'avais, au retour de chaque voyage, vidé le ballon de tout son gaz. C'est une nécessité où l'on est soumis avec les ballons sphériques. J'entrevoyais aujourd'hui la possibilité d'en user très différemment avec les dirigeables. Remarque significative : mon ballon, à la fin d'une première sortie de longue durée, avait perdu assez peu de gaz — si seulement il en avait perdu — pour être en état, après une nuit passée au garage, de repartir le lendemain.

Je ne gardai plus dès lors le moindre doute sur le succès de mon invention. Je reconnus que j'allais pour la vie me donner à la construction des aéronefs. Il me faudrait avoir mon atelier, mon garage aéronautique, mon appareil à hydrogène, et un embranchement qui reliât

Catastrophe du 11 mai 1899 (*finale*).

mon installation aux conduites du gaz d'éclairage.

L'Aéro-Club venait d'acquérir un terrain sur
la partie nouvellement frayée des coteaux de Saint-
Cloud. Je décidai d'y construire un grand hangar,
long et as-
sez haut, où
mon aéro-
nef se lo-
gerait avec
son ballon
complètement
gonflé et trou-
verait toutes les
commodités que
j'ai dites.

Cet aérodrome, que
je construisis à mes
frais, avait 30 mètres
de long, 7 de large,
11 de hauteur. J'eus
encore, en cette affaire,
à lutter contre la va-

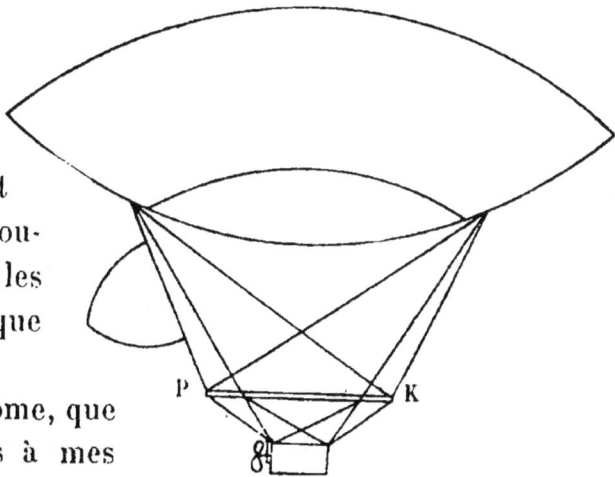

Fig. 6.

nité et les préjugés des mécaniciens qui déjà
m'avaient donné tant d'ennuis au Jardin d'Acclimatation. Les portes à glissières de l'aérodrome ne
glisseraient pas, déclaraient-ils, à cause de leurs
dimensions excessives. Je dus tenir bon : « Sui-

12

vez mes indications, disais-je, et ne vous occu-
pez pas de savoir si elles sont ou ne sont pas
pratiques ». Bien qu'ils eussent fait leurs conditions eux-mêmes, il me fallut du temps pour venir
à bout de leur orgueil têtu. Une fois finies, les portes, naturellement, fonctionnèrent. Trois ans plus
tard, l'aérodrome que me fit construire, sur mes
plans, le prince de Monaco, avait des portes encore
plus grandes.

Pendant qu'on était en train de bâtir le premier
de mes garages aéronautiques, je fis, avec le
N° 3, plusieurs autres sorties très heureuses. Je
perdis mon gouvernail au cours de la dernière et,
néanmoins, j'atterris sans encombre dans la plaine
d'Ivry. Je ne réparai pas le N° 3. Son ballon était
trop lourd de forme et son moteur trop faible.
J'avais à présent mon aérodrome et mon appareil
à gaz : je construirais un aéronef qui me permît,
pour un plus long temps, des expériences plus
méthodiques.

Le Santos-Dumont N° 3.

CHAPITRE XI

L'ÉTÉ DE L'EXPOSITION

L'Exposition de 1900, avec son cortège de Congrès savants, approchait. Le Congrès international aéronautique était convoqué pour septembre. Je voulus que le nouvel aéronef fût en état de lui être soumis.

Donc, le 1er août, j'achevai mon N° 4. Ce devait être, par la suite, le plus universellement connu de mes aéronefs. Et la raison en est que lorsque je gagnai le prix Deutsch, environ dix-huit mois plus tard, avec un tout autre modèle, les journaux du monde entier publièrent de vieilles reproductions de ce N° 4, qu'ils avaient gardées dans leurs dossiers.

Je l'avais muni d'une selle de bicyclette. La tige de bambou du N° 3 se rapprochait, ici, d'une quille réelle ; elle ne pendait plus au-dessus de ma tête ;

12.

mais, compliquée d'un entrecroisement de pièces verticales et horizontales et de tout un système de cordes fortement tendues, elle portait directement, comme dans une toile d'araignée, le moteur, le propulseur et la machinerie, le réservoir à pétrole, le lest, le navigateur lui-même. Elle excluait la nacelle.

Au centre de la toile d'araignée, sous le ballon, j'avais incorporé un cadre de bicyclette ; et c'était là que je devais me tenir, posé sur la selle. L'absence de nacelle semblait me laisser à califourchon sur une traverse, dans un pêle-mêle de cordes, de tubes et de mécanismes. Le système était d'ailleurs très maniable, car, autour du cadre de bicyclette, j'avais disposé des cordes pour manœuvrer les poids déplaçables, faire jaillir l'étincelle électrique du moteur, ouvrir et fermer les valves, ouvrir et fermer le fausset du water-ballast, commander, en un mot, les diverses fonctions de l'aéronef. Sous mes pieds, j'avais les pédales de mise en marche d'un nouveau moteur à pétrole de 7 chevaux, actionnant un propulseur muni de deux ailes. Chacune des ailes mesurait une largeur de 4 mètres; faites avec de la soie tendue sur des plaques d'acier, elles étaient très fortes. Pour conduire, mes mains reposaient sur le guidon de la bicyclette, relié au gouvernail.

Quant au ballon, il mesurait 39 mètres de longueur, et il avait un diamètre central de 5^{m}10 avec

Moteur du N° 4.

une capacité de 420 mètres cubes. Sa forme était
un compromis entre les minces cylindres de mes
premiers modèles et l'inélégante lourdeur de mon
N° 3 (fig. 7). C'est pourquoi je crus devoir, par
prudence, le munir intérieurement d'un ballon à
air compensateur, alimenté par un ventilateur
rotatoire,
comme ce-   Fig. 7.
lui du N° 2 ;

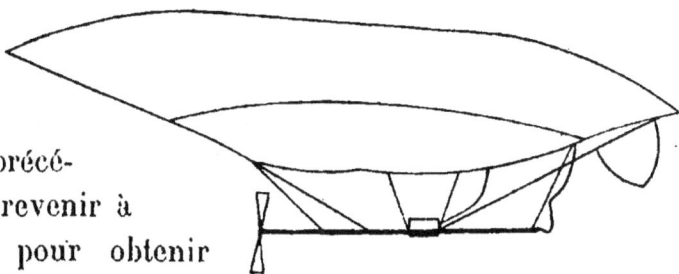

et comme
il était plus
petit que le précé-
dent, je dus revenir à
l'hydrogène pour obtenir
une force ascensionnelle suffisante. Aussi bien, il n'y
avait plus de raison qui
m'empêchât d'y revenir. Je
disposais personnellement
d'un générateur d'hydro-
gène ; et, bien abrité dans son aérodrome, mon
N° 4 pourrait rester gonflé des semaines entières.

C'est à bord du *Santos-Dumont* N° 4 que je fis
également l'essai du propulseur placé à l'avant de
l'aéronef et non pas à l'arrière. Tournant ainsi à
l'extrémité antérieure de la traverse-quille, l'hélice, au lieu de pousser l'aéronef, l'entraînerait.
Un nouveau moteur de 7 chevaux, à 2 cylindres,

lui imprimait une vitesse de 100 tours à la minute, et produisait, d'un point fixe, un effort de traction d'environ 30 kilos.

Avec ses pièces transversales, son cadre de bicyclette et son mécanisme, la traverse-quille pesait un poids considérable. Aussi, bien que le ballon fût gonflé d'hydrogène, ne pouvais-je prendre que 50 kilos de lest.

Presque chaque jour, en août et septembre, j'expérimentai le nouvel aéronef sur les terrains de l'Aéro-Club à Saint-Cloud. Le plus mémorable de ces essais eut lieu le 19 septembre, en présence des membres du Congrès International Aéronautique. En dépit d'un accident de la dernière heure survenu à mon gouvernail, et qui m'empêcha de faire une ascension libre devant ces hommes de science, je m'élevai contre un vent très fort, et je leur donnai, ainsi qu'ils eurent la bonté de le proclamer, une démonstration satisfaisante de l'efficacité d'un propulseur aérien actionné par un moteur à pétrole.

Une des personnalités du Congrès, M. le professeur Langley, tint à assister, quelques jours plus tard, à l'un de mes essais ordinaires; je reçus de lui le plus cordial encouragement.

Ces essais eurent cependant pour résultat de m'encourager à doubler la puissance du propulseur en adoptant le type de moteur à pétrole « quatre

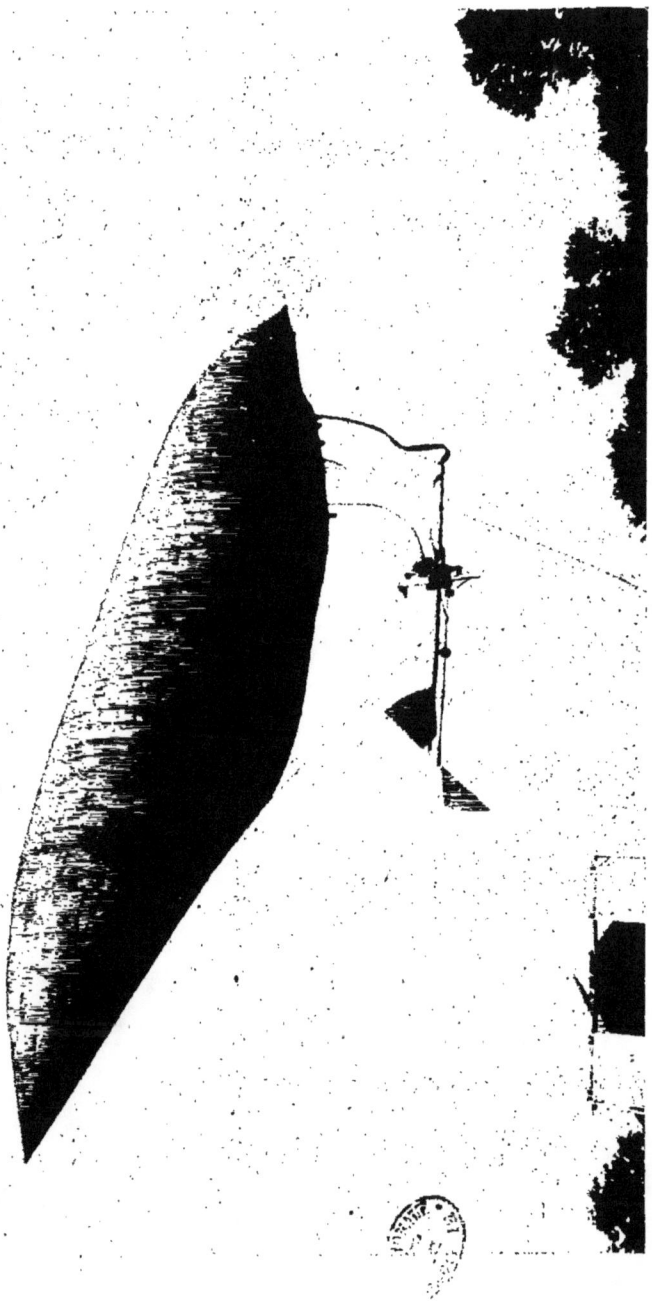

Ascension du Nᵒ 4 (19 Septembre 1900).

Le *Santos-Dumont* N° 4. Visite du professeur Langley.

cylindres » sans chemise à eau, autrement dit le
système de refroidissement à ailettes. Le nouveau
moteur me fut très vite livré, et je m'occupai aussitôt d'y approprier l'aéronef. Son surcroît de poids

Ascension en présence du professeur Langley.

me mettait dans l'obligation ou de construire un
nouveau ballon, ou, tout au moins, d'agrandir
l'autre. C'est à ce dernier parti que je m'arrêtai. Je
coupai le ballon par la moitié, et j'y mis une
rallonge, comme on fait pour une table. Sa longueur se trouva ainsi portée à 33 mètres. Mais
alors, je m'aperçus que l'aérodrome était trop
court de 3 mètres pour le recevoir. En prévision
de mes nécessités futures, j'augmentai de 4 mètres
la longueur de l'aérodrome.

Moteur, ballon, garage, en quinze jours tout fut
transformé. L'Exposition était encore ouverte.
Malheureusement, avec l'automne avait commencé
la saison des pluies. Après deux semaines du pire
temps possible, pendant lesquelles mon ballon
attendit tout gonflé, je le vidai de son hydrogène
et entrepris des expériences avec le moteur et le
propulseur. Ce ne fut pas là du temps perdu. En
portant la vitesse du propulseur à 140 tours par minute, je réalisai d'un point fixe un effort de traction
de 55 kilos; le propulseur, en effet, tourna avec
une telle force, qu'à la fraîcheur de son courant
d'air je contractai une pneumonie.

J'allai me soigner à Nice. Là, durant ma conva-
lescence, il me vint une idée.

Et cette idée prit la forme de ma première vraie
quille d'aéronef.

Dans un petit atelier de charpentier, à Nice, je

façonnai de mes mains un long cadre en bois de
pin, à section triangulaire, très léger et très rigide.
Bien que long de 18 mètres, il ne pesait que
41 kilos. Les jointures étaient en aluminium. Et
pour garantir sa légèreté, pour assurer sa rigidité,
pour qu'il offrît une moindre résistance à l'air

FIG. 8.

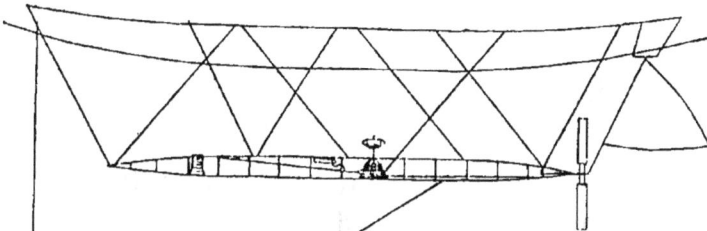

et une moindre sensi-
bilité aux variations hy-
grométriques, je m'avisai
de le renforcer non plus
avec des cordes ordinaires,
mais avec des cordes de piano.

Une idée menant à une autre, j'imaginai quelque
chose de tout à fait neuf en aéronautique. Je me
demandai pourquoi je n'utiliserais pas également
les cordes de piano pour toutes les suspensions de
mon dirigeable, de préférence aux cordes et câbles
dont on se servait jusqu'ici pour les aérostats. Je
réalisai l'innovation et n'eus qu'à m'en louer. Ces
cordes de piano, dont le diamètre est de huit

13.

dixièmes de millimètres, possèdent un haut coeffi-
cient de rupture et une si mince surface que leur
substitution à la corde ordinaire dans les suspensions constitue un plus grand progrès que beaucoup
d'inventions plus brillantes. De fait, on a constaté
que les cordes de suspension offrent presque autant de résistance à l'air que le ballon lui-même.

Je réunis le propulseur à l'arrière de la quille :
car je n'avais trouvé aucun avantage à le placer
sur l'avant du *Santos-Dumont* N° 4, où il gênait
le travail du guide-rope. Un nouveau moteur du
type « quatre cylindres » et de la force de 12 chevaux, sans chemise à eau, actionnait cette fois le
propulseur, par l'intermédiaire d'une tige creuse
en acier. Le moteur occupait le centre de la quille
(fig. 8, page 149); je lui faisais contrepoids en,
m'installant bien à l'avant dans ma nacelle;
encore plus à l'avant pendait le guide-rope, auquel
j'attachai une petite corde plus légère; et cette
petite corde, passée dans une petite poulie à l'arrière de la quille, allait ensuite rejoindre la nacelle, où je la fixai à portée de ma main. (Corde
de déplacement du guide-rope, fig. 8.) Ainsi, je
faisais faire par le guide-rope le travail des poids
déplaçables. Supposé, par exemple, que, l'aéronef
suivant une direction horizontale, je voulusse le redresser, je n'aurais qu'à tirer la corde de changement du guide-rope; elle entraînerait le guide-rope

vers l'arrière et ramènerait d'autant vers l'arrière le
centre de gravité de tout le système; l'avant de
mon aéronef s'enlèverait comme dans la
figure 9, et, par suite, la force du
propulseur me ferait monter
en diagonale.

Le gouvernail
était à l'arrière
comme

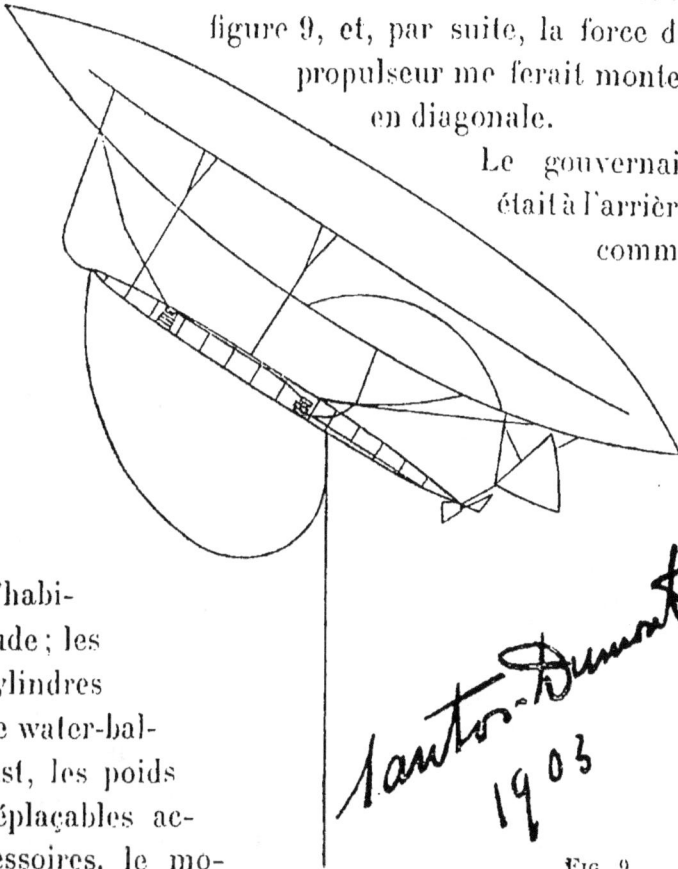

d'habi-
tude; les
cylindres
de water-bal-
last, les poids
déplaçables ac-
cessoires, le mo-
teur à pétrole, la ma-
chinerie, tout cela trouvait sa place sur la nouvelle quille, bien équilibrée. Pour la première fois
au cours de ces essais, comme, d'ailleurs, pour la
première fois en aéronautique, je fis usage de lest

FIG. 9.

liquide. Deux réservoirs en cuivre très mince, d'une contenance totale de 54 litres, et remplis d'eau, étaient fixés à la quille comme je viens de le dire, entre le moteur et le propulseur, et j'avais disposé leurs faussets de manière à pouvoir les ouvrir et les fermer de ma nacelle au moyen de deux fils d'acier.

Avant même que ne fût parfaite l'adaptation de la nouvelle quille au ballon agrandi de mon N° 5, et en récompense de mes travaux de 1900, la Commission Scientifique de l'Aéro-Club m'avait décerné son Prix d'Encouragement, fondé par M. Deutsch (de la Meurthe) : une année d'intérêts d'un capital de 100.000 francs. Pour inciter d'autres chercheurs à poursuivre la difficile et onéreuse étude de l'aérostation dirigeable, je laissai, de mon côté, ces 4.000 francs à la disposition de l'Aéro-Club, afin qu'il instituât un nouveau prix; et je voulus que les conditions en fussent très simples :

« Le prix Santos-Dumont sera décerné à l'aéronaute, membre de l'Aéro-Club de Paris — le fondateur du prix s'excluant lui-même, — qui, entre le 1er mai et le 1er octobre 1901, partant du parc d'aérostation de Saint-Cloud, contournera la Tour Eiffel et reviendra à son point de départ, en n'importe quel laps de temps, sans avoir touché la terre, et par les seuls moyens dont il dispose à son bord.

« Si le prix Santos-Dumont n'est pas gagné en

1901, le concours restera ouvert l'année suivante, toujours du 1er mai au 1er octobre, et ainsi de suite jusqu'à ce qu'il y ait un gagnant ».

L'Aéro-Club, pour souligner l'importance de l'épreuve, décida d'attribuer sa plus haute récompense, une médaille d'or, au gagnant du prix Santos-Dumont. Ses registres sont là qui l'attestent. Mais les 4.000 francs sont toujours restés dans la caisse du Club.

Moteur du *Santos-Dumont* Nº 3.

CHAPITRE XII

LE PRIX DEUTSCH

Ceci m'amène au prix Deutsch, créé en faveur de la navigation aérienne au printemps de 1900. Je pilotais à cette époque mon N° 3, et déjà j'avais eu au moins une occasion d'accomplir, sans m'en douter, le trajet même qui devait être imposé pour cette épreuve, soit : de la Tour Eiffel à la Seine en passant par Bagatelle.

Fondé par M. Deutsch (de la Meurthe), membre de l'Aéro-Club de Paris, le prix, d'une valeur de 100.000 francs, devait être décerné par la Commission Scientifique du Club au premier ballon dirigeable ou aéronef qui, entre le 1er mai et le 1er octobre 1900, 1901, 1902, 1903 ou 1904, s'élèverait du parc d'aérostation de Saint-Cloud, et, sans toucher terre, par ses seuls moyens, après

14

avoir décrit une circonférence telle que l'axe de la
Tour Eiffel s'y trouvât inclus, reviendrait à son
point de départ, dans le délai maximum d'une
demi-heure.

La Commission Scientifique du Club avait été
constituée expressément pour formuler les termes
du concours et en arrêter les conditions à sa con-
venance. En raison de certaines de ces conditions,
je n'avais pas essayé de gagner le prix avec mon
N° 4. Le trajet, du parc d'aérostation du Club à la
Tour Eiffel et retour, représentait une distance de
11 kilomètres, et il devait — contournement de la
Tour Eiffel compris — s'effectuer en une demi-
heure. Ceci, par temps calme, impliquait une vitesse de 25 kilomètres à l'heure dans les lignes
droites; et je n'étais pas sûr de pouvoir, durant tout
le trajet, maintenir cette vitesse avec mon N° 4.

Il avait été, en outre, stipulé par la Commission
Scientifique que ses membres, juges désignés de
tous les essais, seraient, dans chaque cas, prévenus
vingt-quatre heures à l'avance. Une pareille condition rendait, naturellement, aussi vains que
possible tous les petits calculs basés, soit sur une
vitesse donnée par temps calme, soit sur tel courant
d'air qui pouvait régner vingt-quatre heures avant
l'épreuve. Bien que Paris soit situé au fond d'une
cuvette dont un cercle de collines forme les bords,
les courants d'air y sont particulièrement variables

Premier voyage du N° 5 au-dessus du Bois de Boulogne.

et les brusques changements météorologiques très
fréquents.

Je prévoyais également qu'une fois accompli
l'acte formel d'assembler la Commission Scientifique sur un point de la Seine aussi éloigné que
Saint-Cloud, un concurrent subirait, en quelque
sorte, l'obligation morale de poursuivre son essai,
quelle que dût être l'augmentation de la force des
courants d'air, et quelque temps qu'il dût ren-
contrer : pluvieux, sec ou simplement humide.

Qui plus est, l'obligation morale où se trouve-
rait l'aéronaute de poursuivre l'essai contre son
propre jugement s'étendrait au cas d'une mo-
dification malheureuse dans l'état de l'aéronef
lui-même. On ne convoque pas inutilement un
corps de personnages éminents sur la berge lointaine d'un fleuve. Dans l'intervalle entre la noti-
fication de l'essai et l'essai lui-même, un ballon
allongé, si bien surveillé fût-il, pouvait parfaitement perdre, sans qu'on y prît garde, de sa tension. Un essai préliminaire, la veille de l'épreuve,
pouvait aisément déranger une machine aussi
délicate que le moteur à pétrole du modèle 1900.
Je me rendais compte, enfin, qu'une élémentaire courtoisie interdisait presque aux concurrents de réunir la Commission à l'heure qui,
justement, convient le mieux pour des essais de
dirigeables sur Paris, l'heure calme de l'aurore.

11.

Le duelliste peut se permettre de convoquer ses amis à cette heure sacrée, mais non pas le capitaine d'aéronef.

On remarquera qu'en fondant le prix Santos-Dumont avec les 4.000 francs que m'avait accordés l'Aéro-Club pour mes travaux de 1900, je n'imposais aucune condition de ce genre. Je ne compliquais l'épreuve ni d'un minimum de vitesse, ni de l'intervention d'une commission spéciale, ni de l'obligation de limiter l'épreuve à un espace de temps déterminé.

Je savais que, même dans les conditions les plus larges, ce serait beaucoup que de revenir au point de départ après avoir touché au but marqué d'avance, — chose dont on n'avait jamais ouï parler avant 1901.

Les conditions du prix Santos-Dumont laissaient les concurrents libres de choisir les conditions atmosphériques les moins défavorables, et le calme du crépuscule ou celui du petit matin. Je ne voulais pas non plus leur infliger les surprises possibles d'une période d'attente entre la convocation et la réunion d'une commission scientifique ; ce qui, en effet, me semblait absolument inutile à une époque où l'armée des journalistes d'une capitale est toujours prête à se mobiliser, sans avis préalable, quelle que soit l'heure et quel que soit le lieu, dès qu'il s'agit de cueillir des nouvelles.

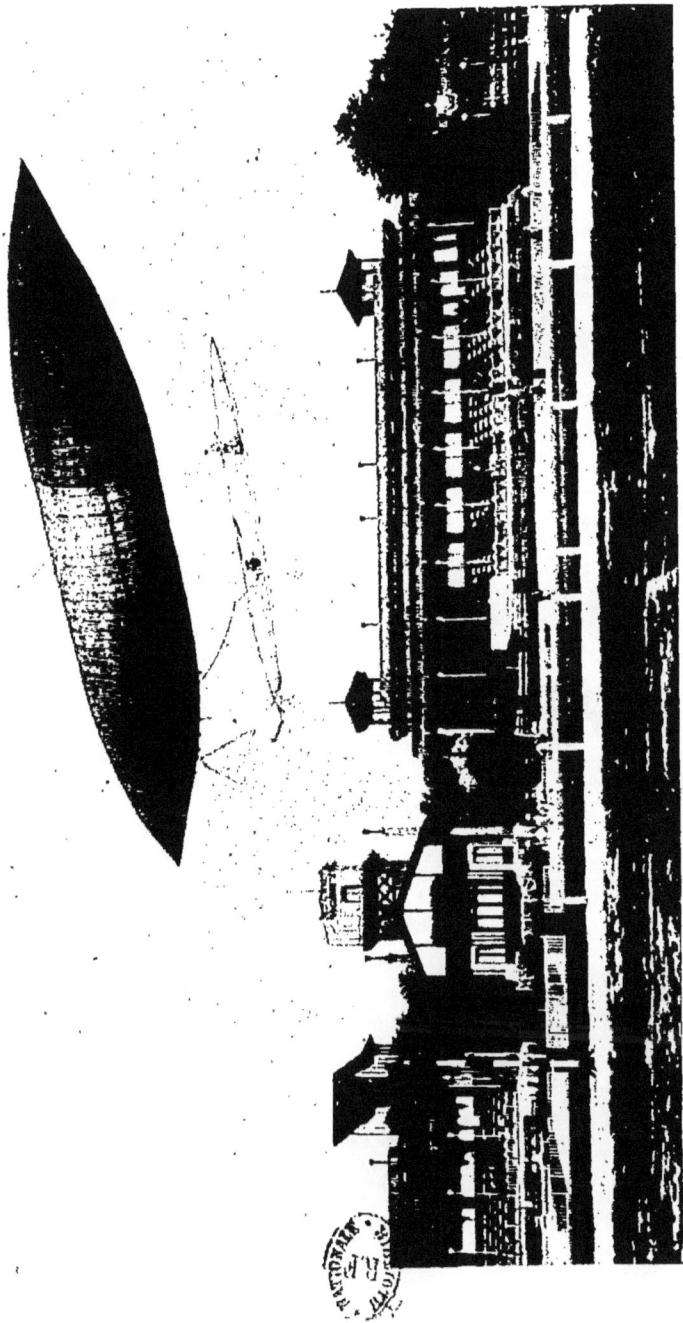

Premier voyage du N° 3 à Longchamps.

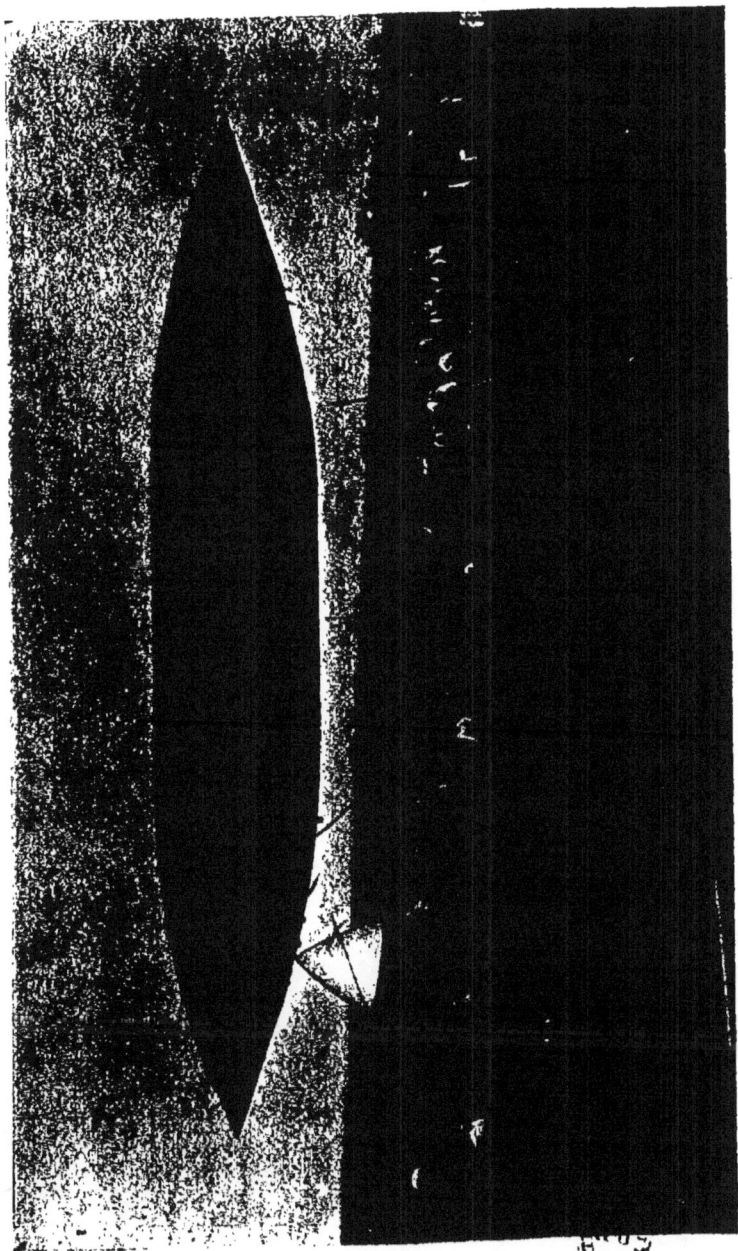

Le N° 5 à l'Aéro-Club de Saint-Cloud (État du terrain).

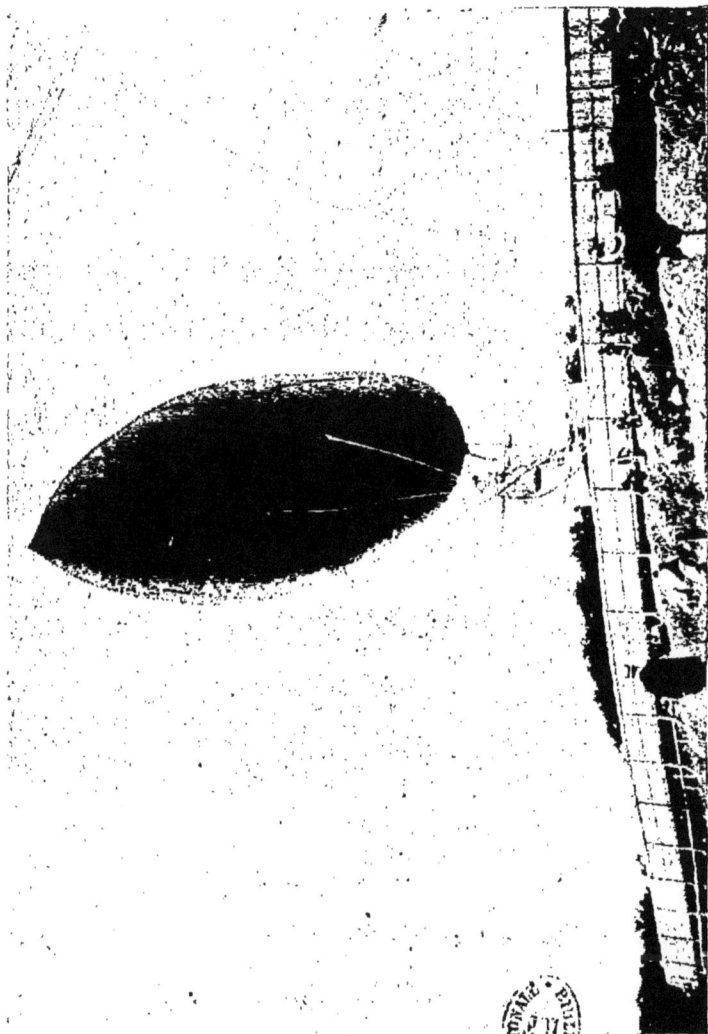

Départ du N° 5 de l'Aéro-Club de Saint-Cloud.

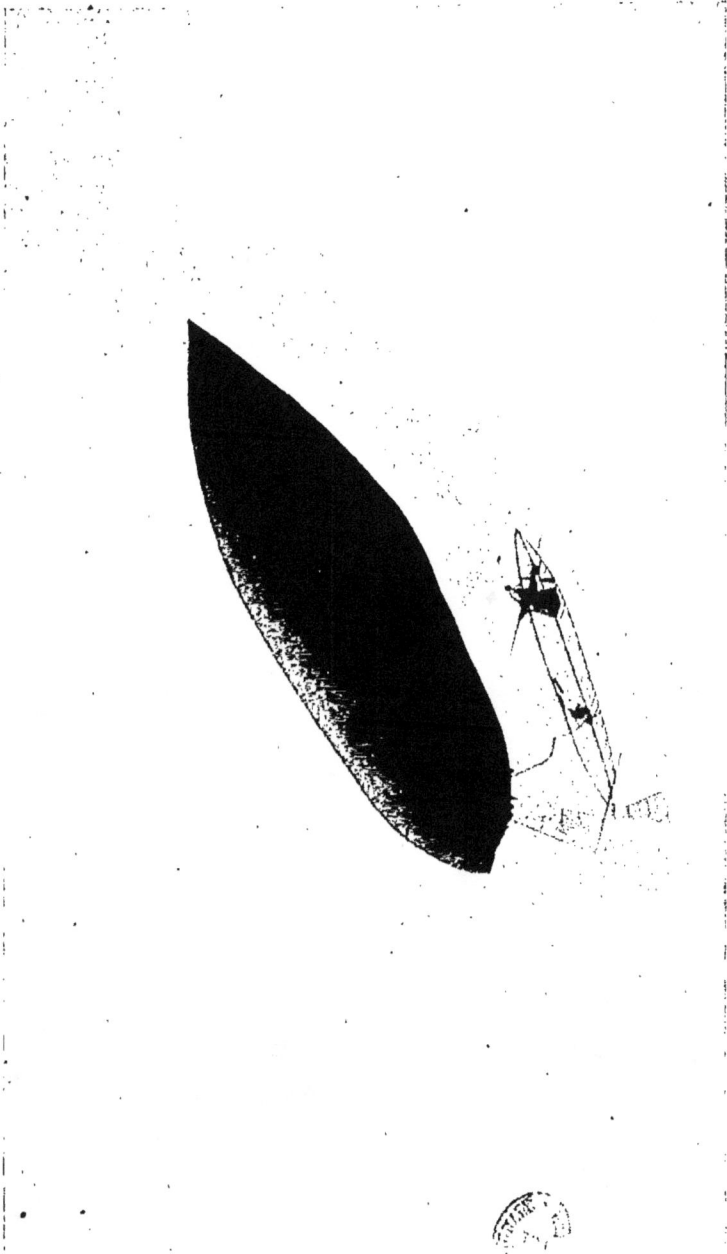

Nº 5. Mouvement diagonal.

Les journalistes de Paris seraient ma commission
scientifique.

Comme je m'étais personnellement exclu du
concours pour le prix Santos-Dumont, j'étais naturellement désireux de montrer qu'il ne me serait
pas impossible d'en réaliser le programme. Mon
N° 5 — construit avec le ballon agrandi de mon N° 4,
la nouvelle quille, le moteur et le propulseur que
j'ai tantôt décrits — était paré pour l'épreuve. Je
n'eus qu'à l'y soumettre pour remplir, du premier
coup, les conditions du prix que j'avais fondé moi-
même.

Ceci se passait le 12 juillet 1901, au lendemain
d'une ascension d'essai. A 4 heures 30 du matin,
je conduisis mon aéronef du parc de l'Aéro-Club à
l'hippodrome de Longchamps. Sans prendre le
temps de solliciter, à ce moment, une autorisation
du Jockey-Club — qui n'en mit pas moins à ma
disposition, quelques jours plus tard, cet admirable
champ libre, — je fis dix fois successivement le
tour de Longchamps, en m'arrêtant chaque fois au
point que je m'étais fixé d'avance.

Après ces diverses évolutions, qui, toutes ensemble, représentaient un parcours approximatif
de 35 kilomètres, je partis pour Puteaux. La promenade était d'environ 3 kilomètres : je la fis en
neuf minutes et je retournai à Longchamps.

J'étais si satisfait de la « dirigeabilité » de mon

Nᵒ 5 que je cherchai des yeux la Tour Eiffel. Elle avait disparu dans la brume matinale. Mais la direction m'en était connue, et je gouvernai sur elle du mieux qu'il m'était possible.

En dix minutes, j'arrivai à 200 mètres du Champ-

Atterrissage du Nᵒ 5 dans les jardins du Trocadéro.

de-Mars. A ce moment, une des cordes manœuvrant le gouvernail se rompit. Il était indispensable de la réparer tout de suite, et, pour cela, de descendre à terre. Avec une aisance parfaite, je tirai le guide-rope en avant, déplaçai mon centre de gravité, pris la diagonale de descente; et, lentement, j'allai atterrir dans les jardins du Trocadéro. De braves ouvriers s'empressaient vers moi

Le No 5 dans l'espace.

de toutes les directions. Ils me demandèrent :

— Avez-vous besoin de quelque chose?

Oui, j'avais besoin d'une échelle. En moins de temps qu'il n'en faut pour l'écrire, l'échelle était trouvée, mise en place; deux de ces intelligents et modestes volontaires s'offraient à la maintenir. Je gravis une vingtaine d'échelons et réparai ma corde.

Puis, je repartis, gagnai en diagonale l'altitude de mon choix, contournai la Tour Eiffel dans une large courbe, et revins à Longchamps tout droit, sans autre incident, après un voyage qui, travail de réparation compris, avait duré une heure six minutes. Je m'arrêtai un instant à causer; enfin, je repris mon vol pour l'Aérodrome de Saint-Cloud, franchis la Seine à une altitude de 200 mètres, et garai l'aéronef, encore pleinement gonflé, comme j'eusse fait d'un simple automobile.

Accident dans le parc de M. Edmond de Rothschild.

CHAPITRE XIII

UNE CHUTE AVANT UNE MONTÉE

Mon N° 5 avait montré une telle supériorité sur ses prédécesseurs que je me sentis alors le courage de me porter concurrent pour le prix Deutsch.

Cette résolution une fois prise, j'adressai immédiatement à la Commission Scientifique de l'Aéro-Club la convocation réglementaire.

La Commission se réunit dans le parc de l'Aéro-Club, à Saint-Cloud, le matin du 13 juillet 1901, à 6 heures 30. A 6 heures 41 minutes, je partis. Je contournai la Tour Eiffel dans la dixième minute, et avec vent debout, contrairement à mes prévisions, j'atteignis le contrôle de Saint-Cloud dans la quarantième minute, à une altitude de 200 mètres, après une lutte terrible contre le vent.

Juste à ce moment, mon moteur eut un caprice et s'arrêta. L'aéronef, paralysé, entraîné à la dérive,

alla s'abattre sur le plus haut des marronniers dans
le parc de M. Edmond de Rothschild. Les hôtes et
le personnel de la villa accoururent, s'imaginant,
très naturellement, que l'aéronef devait être en
pièces et que moi-même j'étais sans doute blessé.
Ils furent surpris de me trouver debout dans ma
nacelle, tout au sommet de l'arbre, tandis que le
propulseur touchait à terre. Étant donnée la force
du vent contre lequel je luttais au retour, j'étais
surpris tout le premier que mon ballon eût si peu
de déchirures. Cela n'empêchait pas d'ailleurs que
son gaz ne l'eût complètement abandonné.

Tout près du lieu de l'accident était l'hôtel de la
princesse Isabelle, comtesse d'Eu. Quand elle
apprit la situation où je me trouvais et qu'il me
faudrait un moment pour dégager l'aéronef, la
princesse m'envoya un lunch dans mon arbre, en
me faisant prier d'aller lui conter mon aventure.
Mon récit terminé, la fille de Dom Pedro me dit :

« Vos évolutions aériennes me rappellent le vol
de nos grands oiseaux du Brésil. Puissiez vous
tirer de votre propulseur le parti qu'ils tirent de
leurs ailes, et réussir pour la gloire de notre pays
commun ! »

Quelques jours plus tard, je recevais de la princesse une lettre dont voici la traduction :

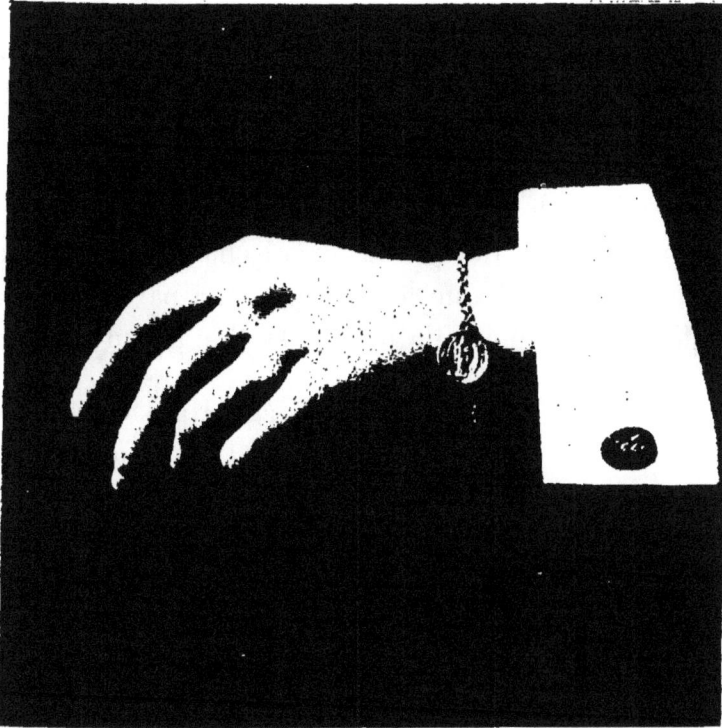

Médaille de Saint-Benoît offerte à M. SANTOS-DUMONT
par la Comtesse d'Eu.

« 1ᵉʳ Août 1903.

« Monsieur Santos-Dumont,

« Voici une médaille de Saint-Benoît qui pro-
tège contre les accidents.

« Acceptez-la et portez-la à votre chaîne de
montre, dans votre carnet ou à votre cou.

« Je vous l'envoie en pensant à votre bonne

16

mère et en priant Dieu de vous secourir toujours
et de vous faire travailler pour la gloire de notre
patrie.

« ISABELLE, comtesse d'Eu. »

Comme les journaux ont souvent parlé de mon
bracelet, je dirai que la légère chaîne d'or qui le
constitue n'est que le moyen choisi par moi pour
porter cette médaille qui m'est d'un grand prix.

L'aéronef, en somme, en égard à la force du
vent et à la nature de l'accident, n'avait subi qu'un
faible dommage. Lorsqu'il fut prêt pour une nouvelle sortie, je jugeai prudent de l'essayer plusieurs
fois à Longchamps, au-dessus de la pelouse gazonnée du champ de courses. Un de ces essais
mérite une mention, en ce qu'il me donna une idée
assez précise de la vitesse de l'aéronef par temps
absolument calme. M. Maurice Farman me suivait,
ce jour-là, autour de l'hippodrome, dans son automobile à sa deuxième vitesse. Il estima qu'avec
mon guide-rope traînant sur le sol, je faisais de
26 à 30 kilomètres par heure. Naturellement,
le guide-rope, quand il traîne, agit exactement
comme un frein. Il retient d'autant en arrière qu'il
traîne sur plus de longueur. Nous calculâmes qu'il
« retenait », en l'espèce, d'environ 5 kilomètres
par heure, ce qui portait ma vitesse propre dans
l'air à 30 ou 35 kilomètres. Tout cela m'en-

couragea à tenter de nouveau l'épreuve du prix Deutsch.

J'arrive maintenant au jour terrible : 8 août 1902. En présence de la Commission Scientifique de l'Aéro-Club, je repartis pour la Tour Eiffel.

Je contournai la Tour au bout de neuf minutes et pris la direction de Saint-Cloud. Par malheur, un accident avait affaibli le ressort de l'une de mes valves automatiques, et le ballon perdait de son hydrogène.

J'avais constaté un commencement de fuite avant même d'arriver à la Tour Eiffel. En temps ordinaire, si pareille chose s'était produite, je serais aussitôt descendu à terre. Mais, ici, je concourais pour un prix qui devait faire grand honneur au gagnant, et ma vitesse avait été bonne. Je me risquai à poursuivre.

Le ballon se contractait visiblement; si bien qu'au moment où j'atteignais les fortifications de Paris, près de la Muette, les cordes de suspension s'arquaient déjà tellement que les plus voisines du propulseur s'accrochèrent à l'hélice en marche.

Je vis le propulseur couper et arracher les cordes. J'arrêtai immédiatement le moteur. Le vent, qui soufflait avec force, emporta instantanément l'aéronef du côté de la Tour Eiffel.

Dans le même temps, je tombais. La perte de

gaz était considérable. J'aurais pu jeter beaucoup
de lest et amortir sensiblement la chute. Mais,
alors, le vent aurait eu le temps de me jeter contre
la Tour. Je préférai laisser l'aéronef aller à sa
guise. Pour les spectateurs, cela devait avoir l'ap-
parence d'une terrible chute ; pour moi, le pire dé-
tail était que l'aéronef manquait d'équilibre. Le
ballon, à demi dégonflé, agitait son extrémité
flasque comme un éléphant sa trompe, et son avant
se redressait de façon inquiétante. Ce que je craignais le plus, c'était que la tension inégale des
cordes de suspension ne les fît se briser une à une,
et que je ne fusse précipité sur le sol.

Mais pourquoi le ballon agitait-il son extrémité
vide et d'où me venait ce surcroît de danger ? Comment le ventilateur ne remplissait-il pas son office,
qui était d'alimenter le ballon à air intérieur et de
maintenir ainsi en état autour de lui la grande enveloppe extérieure ? C'est ce qu'explique la nature de l'accident. Le ventilateur s'était arrêté
lorsque s'était arrêté le moteur ; et j'avais dû arrêter le moteur pour l'empêcher de briser les cordes
voisines, au moment où le ballon avait commencé
à se creuser par suite de la perte de gaz. Il est
vrai que le ventilateur, qui fonctionnait à ce moment, ne s'était pas montré suffisant pour empêcher le ballon de se creuser. Peut-être le ballon
à air avait-il refusé de se tendre dans la mesure

convenable. Un employé de mon constructeur étant
venu me voir, le lendemain de l'accident, pour les
plans de l'enveloppe d'un N° 6, je conclus, d'un mot
qu'il me dit, que, le vernis n'ayant pas eu le temps
de sécher sur le ballon à air intérieur du N° 5 avant
qu'il fût mis en place, certaines parties de ce ballon avaient dû se coller soit les unes aux autres,
soit au fond ou sur les côtés du ballon extérieur.
Voilà ce que l'on gagne à trop de hâte!

Je tombais. Et le vent me portait vers la Tour
Eiffel. Il m'avait déjà porté si loin que je m'attendais à atterrir au-dessous du Trocadéro, sur le
terre-plein de la Seine. Ma nacelle et toute ma
quille avaient déjà dépassé les hôtels du Trocadéro. Si mon ballon avait été sphérique, lui aussi
les eût dépassés. Mais, à ce moment décisif, l'extrémité de mon ballon allongé qui conservait encore
tout son gaz alla battre contre la toiture, juste
avant de la franchir. Le ballon éclata, avec un
grand bruit, exactement pareil à celui d'un sac de
papier que l'on a gonflé d'air et que l'on crève. Ce
fut la « terrible explosion » dont parlèrent les journaux.

Je m'étais trompé de quelques mètres dans l'évaluation de la force du vent. Au lieu d'être allé tomber sur le terre-plein de la Seine, je me trouvais
suspendu, dans ma nacelle d'osier, au-dessus de la
cour des hôtels du Trocadéro. La quille de l'aéro-

16.

nef, qui me portait, s'inclinait à 45 degrés entre le
mur surélevé de la cour et le toit d'une construction plus basse. Malgré mon poids, malgré le poids
du moteur et de la machinerie, malgré la secousse
qu'elle avait reçue, elle résista à merveille. La
tige en bois de pin et les cordes de piano de Nice
m'avaient sauvé la vie !

Après une attente qui ne me sembla pas très ré-
créative, une corde m'arriva, lancée du toit le plus
élevé. Je m'y attachai, on me hissa, et je constatai que mes libérateurs étaient les braves pom-
piers de Paris. De leur station de Passy, ils avaient
observé le vol de mon aéronef; ils avaient vu ma
chute; ils étaient accourus. Quand ils m'eurent tiré
d'affaire, ils procédèrent au sauvetage de l'aéronef.

L'opération fut pénible. Ce qui restait de l'enveloppe et des cordes pendait de façon lamentable;
il fut impossible de rien dégager autrement que
par lambeaux et par pièces.

J'échappai donc au désastre. Pour bien peu, il
est vrai! Mais ce à quoi j'échappai, ce n'était pas au
danger spécial auquel je songeais sans cesse durant
cette période d'essais aux abords de la Tour Eiffel.
Un journaliste parisien a dit que si la Tour n'avait
pas existé il eût fallu l'inventer pour les besoins
de l'aérostation. Il est certain que les ingénieurs
installés à son faîte ont en mains tous les instruments nécessaires pour observer les conditions du

Chute dans la cour des Hôtels du Trocadéro
(2 août 1901.)

temps; leurs chronomètres sont exacts; et, comme
l'a dit le professeur Langley dans une communication au Comité de l'Exposition universelle de
Saint-Louis, la position de la Tour comme borne
centrale, universellement visible à des distances
considérables, en fait un but unique pour des concours aériens. J'ai moi-même évolué à son entour,
de ma propre initiative, en 1899, avant qu'on songeât aux stipulations de l'épreuve du prix Deutsch.
Tout cela ne fait pas que la nécessité de contourner
la Tour Eiffel n'attachât à l'épreuve un élément
capital de danger.

Ma crainte à terre, c'était que, dans mon impatience de contourner la Tour Eiffel, une erreur de
direction ou quelque vent de côté me jetât contre
la Tour. Le choc ferait éclater mon ballon; j'irais
tomber sur le sol comme une pierre; et ni la plus
extrême prudence, ni le soin que je prendrais de
tourner très large ne me garantiraient du danger. Que
mon moteur eût un caprice, qu'il s'arrêtât — comme
il l'avait fait quand je passais au-dessus des con-
trôleurs, à Saint-Cloud, en revenant de mon premier essai, le 13 juillet 1901 — et je serais sans
moyens pour diriger la descente.

J'ai donc toujours redouté, comme le plus grave
de tous mes dangers, le contournement de la
Tour Eiffel. Je ne cherche jamais à m'élever haut
dans mon aéronef. Au contraire, je tiens le record

des basses altitudes en ballon libre. Dans la traversée de Paris, cependant, je suis bien obligé de
me mouvoir au-dessus et en dehors de la ligne des
cheminées et des clochers. La Tour Eiffel était, je
le répète, le plus grave de tous mes dangers : et
elle représentait pour moi le but.

Telles étaient mes craintes à terre. Dans l'air, je
n'avais plus le temps de craindre. Mon sang-froid
ne m'a jamais abandonné. Seul dans l'aéronef,
j'ai toujours à faire. Il y a là du travail plus que
pour un homme. Je participe du capitaine de yacht
en ce que, pas un instant, je ne dois quitter le gouvernail; et du chef mécanicien en ce que, constamment, je dois veiller au moteur. Je dois aussi
m'inquiéter de garder au ballon sa rigidité de
forme. A tous ces détails, d'importance capitale,
s'ajoutent le complexe problème de l'altitude, la
manœuvre du guide-rope, le déplacement des poids,
l'économie du lest, la surveillance de la pompe à
air attachée au moteur. Enfin, brochant sur le tout,
il y a la violente joie de commander à du mouvement rapide. Les délicieuses sensations que me
donna, dans mes premiers aéronefs, la navigation
aérienne, s'accrurent encore avec mon puissant
N° 5. Comme l'a bien dit M. Jaurès, je me sentais
un homme dans l'air, commandant à du mouvement. Avec mes ballons sphériques, je ne m'étais
senti que l'ombre d'un homme.

Premier voyage du N° 6.

CHAPITRE XIV

CONSTRUCTION DE MON NUMÉRO 6

Le soir même de ma chute sur le toit des hôtels du Trocadéro, je fournis la description complète d'un *Santos-Dumont* N° 6. Après vingt-deux jours d'un travail ininterrompu, il était achevé et gonflé.

Le nouveau ballon avait la forme d'un ellipsoïde allongé. Il mesurait 33 mètres à son grand axe, 6 mètres à ses petits axes, et il se terminait en cône à l'avant et à l'arrière.

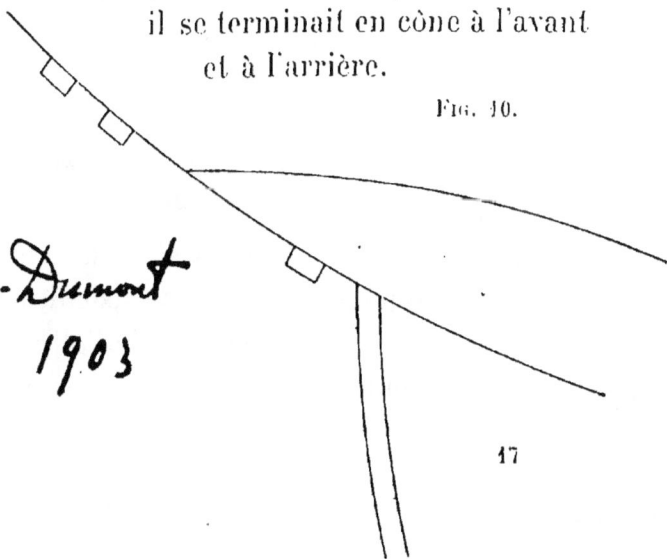

Fig. 10.

17

Je donnai cette fois le plus grand soin aux organes chargés d'assurer en permanence la rigidité du ballon. Si j'étais allé tomber sur le toit des hôtels du Trocadéro, c'était par la faute de la plus petite pièce, et la plus insignifiante, de tout mon mécanisme, — une valve affaiblie qui laissait fuir l'hydrogène. D'une manière tout à fait analogue, la chute de mon premier aéronef avait eu pour cause la défection d'une petite pompe à air !

Sauf dans le ballon à forme épaisse de mon N° 3, j'avais beaucoup compté sur le ballon compensateur à air intérieur (fig. 5, page 122) alimenté par une pompe à air ou un ventilateur rotatoire. Cousu comme une poche sans issue au fond et à l'intérieur du grand ballon, il devait rester plat et vide aussi longtemps que le grand ballon lui-même resterait tendu par le gaz. Quand, de temps en temps, les changements d'altitude détermineraient une condensation de l'hydrogène, la pompe à air, actionnée par le moteur, commencerait à gonfler le ballon compensateur, de sorte qu'en se dilatant à l'intérieur du grand ballon il le maintiendrait tendu.

A l'intérieur de mon N° 6, je fis donc coudre un ballon compensateur, d'une capacité de 60 mètres cubes. Le ventilateur chargé de l'alimenter faisait, pratiquement, partie intégrante du moteur. Tour-

nant sans arrêt quand le moteur serait en marche, il
fournirait continuellement de l'air au ballon compensateur, que celui-ci pût ou non le contenir.
L'air qu'il ne pourrait contenir, le ballon compen
sateur l'expulserait par une valve relativement
faible (valve à air, fig. 10) communiquant au

Sortie du N° 6 du garage de l'Aéro-Club de Saint-Cloud.

dehors avec l'atmosphère par son fond, qui lui était
commun avec le grand ballon extérieur.

Pour soulager le grand ballon quand l'exigerait
la dilatation de l'hydrogène, je le pourvus de deux
valves à gaz (valves à gaz, fig. 10), les meilleures
qu'il me fut possible de confectionner. Ces valves,
elles aussi, étaient en communication extérieure

avec l'atmosphère. Supposons maintenant qu'après
une certaine condensation de mon hydrogène le
compensateur intérieur se fût partiellement rempli
de l'air fourni par le ventilateur et gardât ainsi au
ballon sa forme rigide : bientôt après, par suite d'un
changement de température ou d'altitude, l'hydrogène commençant à se dilater de nouveau, ou bien
il lui faudrait trouver une issue, ou bien il détrui-
rait le ballon, en amenant une explosion « froide ».
Cette issue, qu'est-ce qui devait la lui procurer
tout d'abord? Évidemment, ma valve à air peu
résistante (valve à air, fig. 10). En laissant fuir
tout ou partie de l'air du ballon intérieur, elle
diminuerait la tension produite par l'hydrogène
dilaté. Et c'est alors seulement que, si besoin
était, les valves à gaz, plus résistantes, laisseraient
fuir du précieux hydrogène.

Les valves étaient toutes trois automatiques et
s'ouvraient du dedans au dehors sous une pression
donnée. Une des hypothèses par lesquelles peut
s'expliquer le terrible accident survenu au *Pax*[1],

1. Le 12 mai 1902, de grand matin, M. Auguste Severo,
accompagné de son mécanicien, M. Sachet, partait de Paris
pour son premier essai du *Pax*, dont il était l'inventeur et le
constructeur. Le *Pax* s'éleva tout de suite à une hauteur presque double de celle de la Tour Eiffel. Soudain, il fit explosion
et vint s'écraser sur le sol avec ses passagers. Les corps des
malheureux expérimentateurs, quand on les releva, n'étaient
plus que des masses informes.

Départ du N° 6 de l'Aéro-Club de Saint-Cloud.

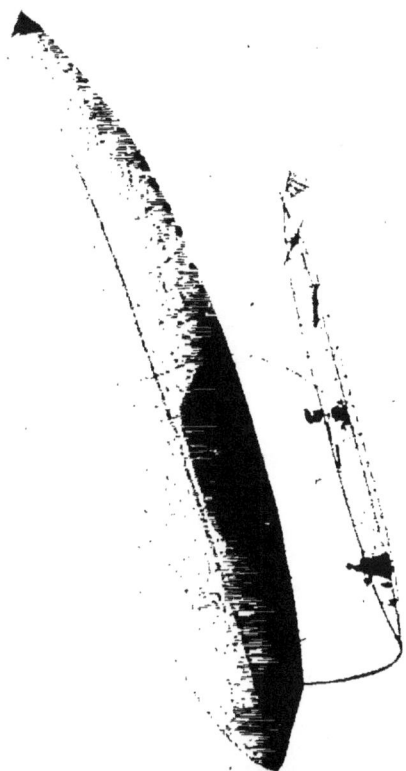

Mouvement diagonal opéré avec le N° 6.

le dirigeable de l'infortuné Severo, se rapporte à
ce grave problème des valves. Le *Pax*, dans le
principe, en avait deux. Avant de partir pour son
premier — et dernier — voyage, M. Severo, qui
manquait de pratique aéronautique, en condamna
une avec de la cire. Étant donné que la pression
atmosphérique décroît à mesure que l'on monte,
la montée d'un dirigeable devrait toujours être
lente et limitée ; il suffit, pour dilater le gaz, d'une
montée de quelques mètres. Le cas est bien diffé-
rent pour les ballons sphériques, qui n'ont pas à
soutenir la pression intérieure. Quand une forte
pression tend l'enveloppe du dirigeable, il dépend
de ses valves qu'elle n'éclate pas. Le *Pax*, avec
une de ses valves arrêtée par de la cire, s'é-
leva de terre ; et il semble qu'à peine se fut-il
élevé ses passagers perdirent la tête. Au lieu de
modérer l'ascension, l'un d'eux jeta du lest, dont
une seule poignée eût fait monter sensiblement
un ballon sphérique! On dit avoir vu le mécanicien, dans son excitation, en jeter, le dernier, un
plein sac. Le *Pax* bondit de plus en plus haut ;
et la dilatation, l'explosion, l'effroyable chute, ne
furent qu'un enchaînement de conséquences.

Le tonnage de mon nouveau ballon était de
630 mètres cubes, donnant une force ascensionnelle absolue de 690 kilos. Mais le poids plus
grand du moteur et de la machinerie réduisait

à 110 kilos le poids de lest disponible. Le moteur était un « quatre cylindres » de 12 chevaux, refroidi automatiquement par une circulation d'eau autour du sommet et de la culasse. Bien que le réfrigérant m'apportât un surcroît de poids, je me félicitais de l'avoir; car il me permettait d'utiliser, sans que j'eusse à craindre en route d'échauffement ni de resserrement, toute la force du moteur, lequel était capable de communiquer au propulseur une force de traction de 66 kilos.

Mes exercices quotidiens avec le nouvel aéronef finirent, le 6 septembre 1901, par un léger accident. Le ballon fut regonflé pour le 15. Quatre jours plus tard, un tournant trop brusque le jetait sur un arbre. J'ai toujours pris avec beaucoup de philosophie les accidents de ce genre : j'y vois une sorte de garantie contre de plus terribles. Si j'avais un conseil à donner à ceux qui font du dirigeable, je leur dirais : « Restez près de terre. »

La place d'un aéronef n'est pas dans les grandes altitudes. Mieux vaut s'accrocher aux cimes des arbres, comme je le fis au Bois de Boulogne, que s'exposer aux dangers des régions élevées sans le moindre avantage pratique.

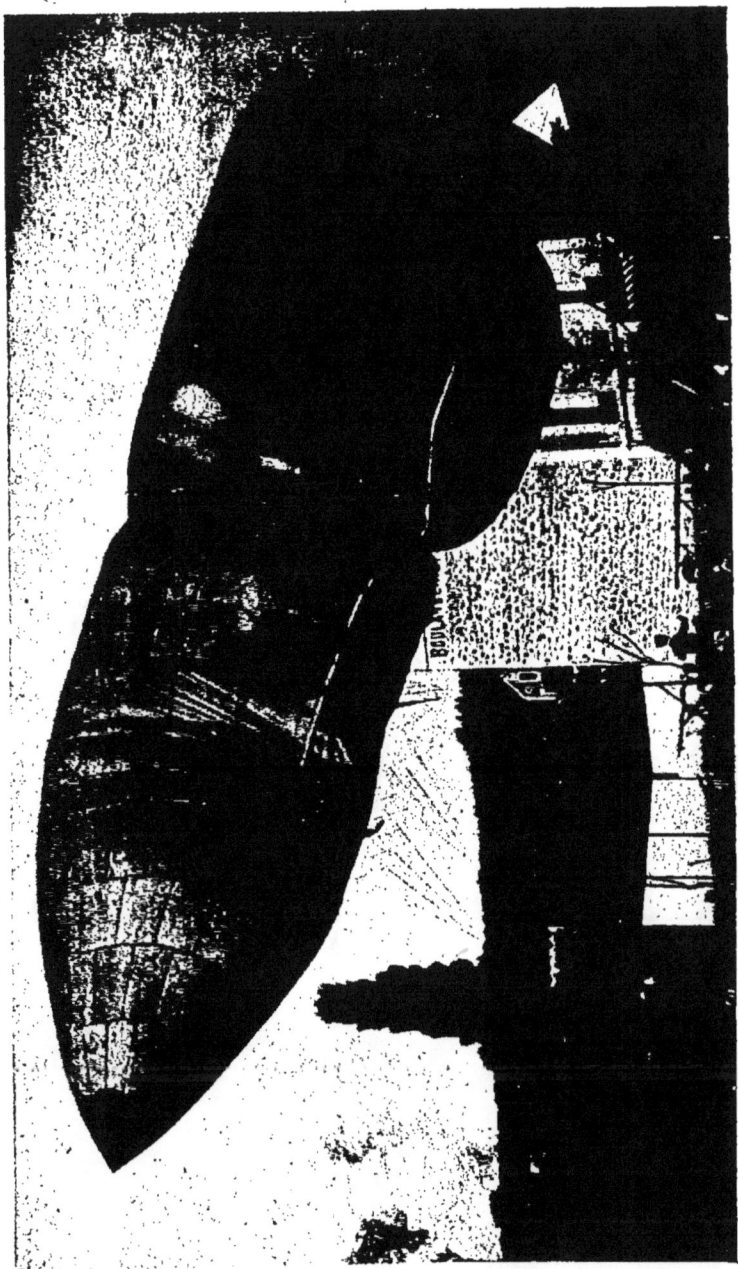

Accident du N° 6.

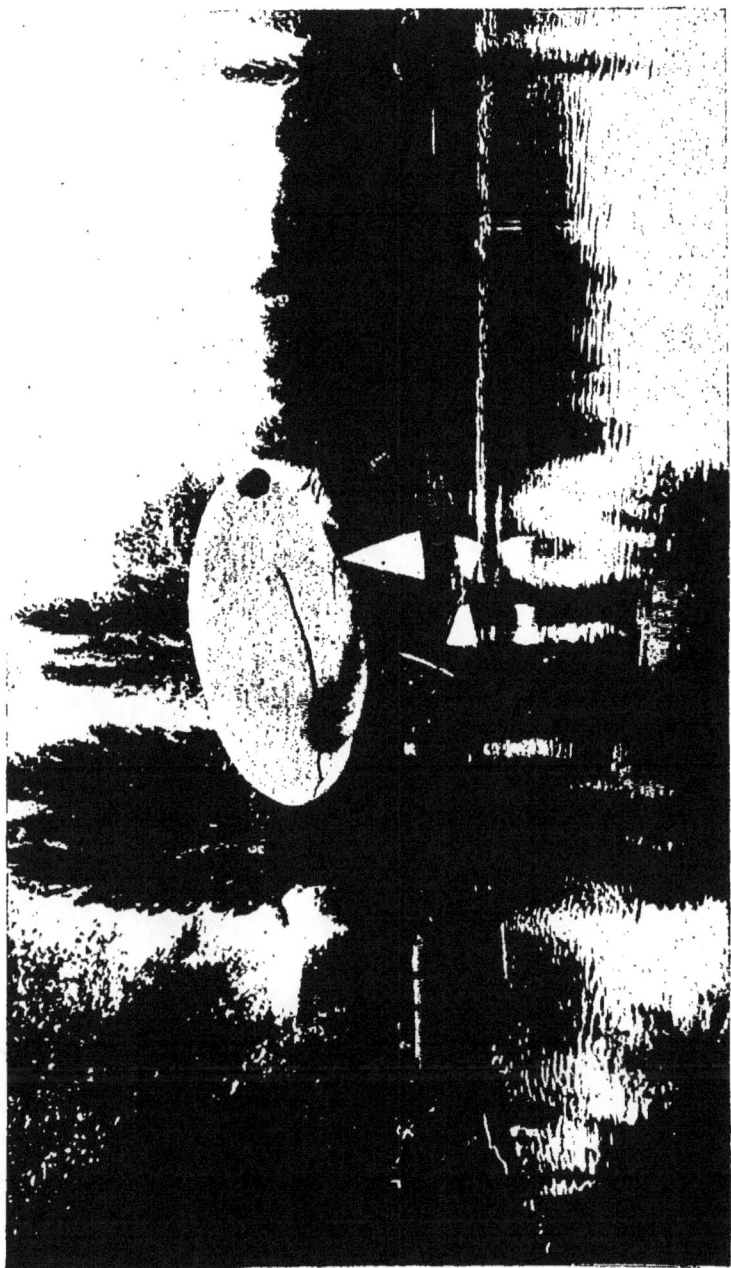

Autre accident du N° 6.

Commission Scientifique de l'Aéro-Club :

A gauche, M. Wilfrid de FONVIELLE; à côté, le marquis de DION;
au milieu, M. Georges BESANÇON, secrétaire de l'Aéro-Club.

CHAPITRE XV

JE GAGNE LE PRIX DEUTSCH

Le 19 octobre 1901, le *Santos-Dumont* N° 6 ayant été vivement remis en état, je tentai de nouveau l'épreuve du prix Deutsch, et je la gagnai.

La veille, le temps était pitoyable. J'avais néanmoins convoqué la Commission par télégrammes. Le temps s'améliora pendant la nuit; mais les conditions atmosphériques, à 2 heures de l'après-midi, heure fixée pour l'épreuve, étaient quand même si défavorables que, sur les vingt-cinq membres dont se composait la Commission, il n'en vint que cinq : M. Deutsch (de la Meurthe), M. de Dion, M. de Fonvielle, M. Besançon et M. Aimé.

Le Bureau central météorologique, consulté à ce moment par téléphone, signala un vent de Sud-Est soufflant à la vitesse de 6 mètres par seconde à l'altitude de la Tour Eiffel. Quand je songe à la

18.

satisfaction que me fit éprouver la vitesse de
7 mètres par seconde obtenue, au calcul de mes
amis et au mien, par mon premier aéronef, en
1898, je reste surpris des progrès réalisés dans les
trois années qui suivirent : n'allais-je pas tenter la
chance d'une course dans un temps limité, par un
vent dont la force égalait presque la plus grande
vitesse que m'eût donnée mon premier aéronef!

Le départ officiel eut lieu à 2 heures 42 de
l'après-midi. Bien que le vent me frappât de côté,
avec une tendance à me porter sur la gauche de
la Tour Eiffel, je me maintins dans sa ligne directe.
J'avançai en élevant graduellement l'aéronef à
une altitude de 10 mètres au-dessus de son faîte.
Cette manœuvre me faisait perdre du temps; mais
elle me prémunissait, dans la mesure du possible,
contre tout danger de contact avec la Tour.

La Tour dépassée, je tournai d'un brusque mouvement de gouvernail, et l'aéronef décrivit un
demi-cercle autour du paratonnerre, à la distance
d'à peu près 50 mètres. Il était 2 heures 51. En
9 minutes, j'avais accompli un parcours de 5 kilomètres et demi, et effectué mon tournant.

Le retour fut long. Le vent m'était contraire.
Jusqu'à la Tour, le moteur s'était bien comporté;
mais, comme je la laissais à quelque 500 mètres en
arrière, il menaça de s'arrêter. J'eus un instant de
grave incertitude. Il fallait prendre une décision

Nº 6. En route pour la Tour Eiffel.

rapide. Au risque de dévier, j'abandonnai momen-
tanément le gouvernail, pour concentrer mon
attention sur la manette du carburateur et le levier
commandant l'étincelle électrique.

Le moteur, qui s'était presque arrêté, se remit à
fonctionner. Je venais d'atteindre le Bois. Là, par
un phénomène que connaissent bien tous les aéronautes, la fraîcheur des arbres commença à alourdir
progressivement mon ballon. Coïncidence fâcheuse,
le moteur, à ce moment, se ralentit encore. De
sorte que l'aéronef descendait pendant que la force
motrice devenait moindre.

Pour m'opposer à la descente, je dus ramener
en arrière le guide-rope et les poids déplaçables.
L'aéronef se redressa en diagonale, et ce qui restait
d'énergie au propulseur le fit remonter de façon
continue.

J'étais arrivé sur la piste du champ de courses
d'Auteuil. Je passais au-dessus du public, la
pointe avant de l'aéronef déjà dressée très haut,
et j'entendais les applaudissements de l'énorme
foule, quand, tout à coup, mon capricieux moteur
repartit en pleine vitesse. Subitement accéléré, le
propulseur, qui se trouvait presque sous l'aéronef,
tellement celui-ci s'était dressé, exagéra encore
l'inclinaison. Aux applaudissements succédèrent
les cris d'alarme. Pour moi, j'étais sans crainte :
je dominais les arbres du Bois, et l'on sait qu'ils

m'ont toujours rassuré avec leur molle verdure.

Tout ceci s'était passé très vite, avant qu'il m'eût été possible de revenir, par le jeu des poids et du guide-rope, à la position horizontale. J'étais à une altitude de 150 mètres. Bien entendu, j'aurais pu arrêter la montée diagonale de l'aéronef en ralentissant le moteur, qui le poussait vers le haut. Mais le temps de l'épreuve était compté. Je laissai le moteur à sa vitesse.

Je ne tardai pas à reprendre l'horizontale en portant à l'avant le guide-rope et les poids. Si j'entre dans ces détails, c'est que, sur le moment, plusieurs de mes amis s'imaginèrent qu'il m'arrivait quelque chose de terrible. Je n'eus d'ailleurs pas le temps de gagner une altitude plus basse avant d'atteindre le contrôle d'arrivée sur les terrains de l'Aéro-Club, — ce qui m'eût été facile en ralentissant le moteur. Et c'est pourquoi je passai si haut par-dessus les têtes des juges.

Dans le trajet vers la Tour Eiffel, je n'avais pas regardé une fois les toits de Paris : je flottais sur une mer bleue et blanche, ne voyant rien que le but. Au retour, je ne quittai pas des yeux la verdure du Bois de Boulogne et le fil argenté de la Seine au point où je devais la traverser. Ce fut donc à l'altitude de 150 mètres, et le propulseur en pleine force, que je passai au-dessus de Longchamps, franchis la Seine et continuai à toute

La Tour Eiffel contournée.

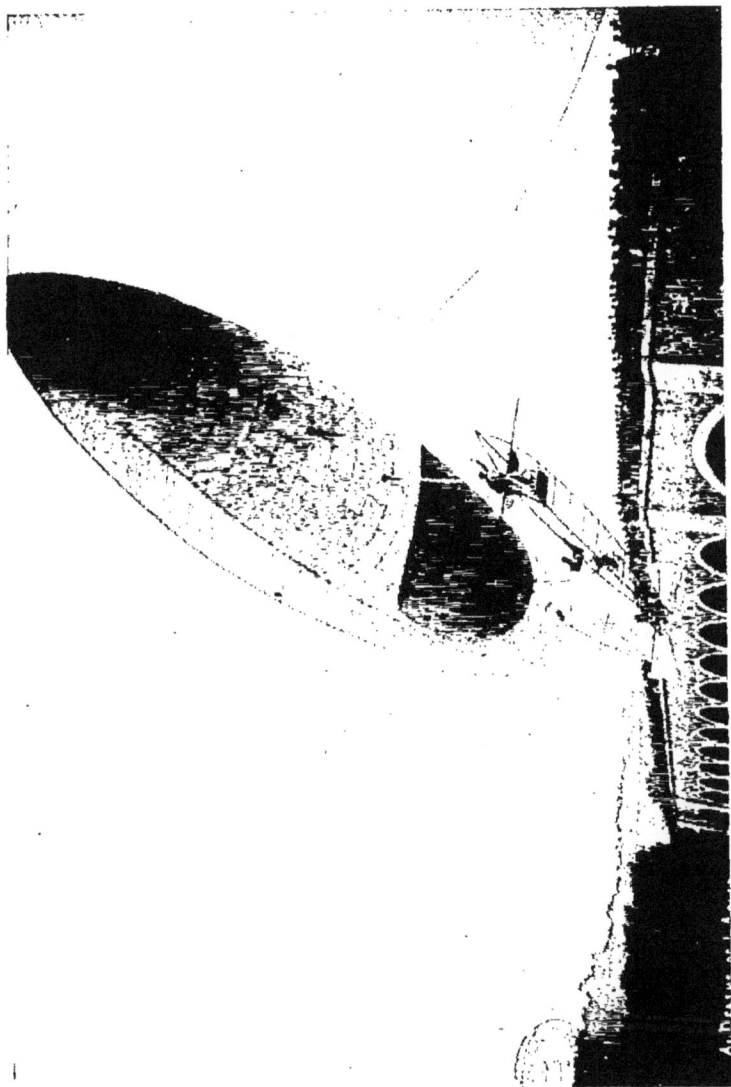

No 6. Retour de la Tour Eiffel. (Au-dessus du Viaduc.)

19

vitesse par-dessus les têtes des juges et des spectateurs assemblés sur les terrains de l'Aéro-Club.

Il était, à ce moment,
3 heures 11 minutes
30 secondes, ce qui
donnait un temps exact
de 29 minutes 30 se-
condes.

Emporté par son
élan, l'aéronef passa,
comme passe un che-
val devant le poteau,
comme passe un yacht
devant la ligne, com-
me un automobile
continue à fuir après
que le jury a noté son
temps. Puis, tel le
jockey d'un cheval de
course, je tournai et
revins à l'aérodrome.
Mon guide-rope saisi,
j'atterrissais à 3 heu-

Gagnant le prix Deutsch.

res 12 minutes 40 secondes, soit 30 minutes 40 secondes après le départ.

Je ne savais pas encore mon temps exact.

Je criai :

— Ai-je gagné ?

Et la foule de me répondre :

— Oui !

. . . .

Il y eut quelques personnes pour soutenir que le temps devait m'être compté jusqu'à ma rentrée à l'Aérodrome et non pas jusqu'à mon passage au-dessus du jury en revenant de la Tour Eiffel. Et je pus croire un moment qu'il était plus difficile de me faire décerner le prix que de le gagner. A la fin, pourtant, le bon sens prévalut. Le montant du prix était de 125.000 francs. Ne tenant pas à garder cette somme, j'en fis deux parts inégales, dont j'adressai la plus forte, 75.000 francs, au préfet de police, pour les pauvres de Paris; le reste, je le distribuai à mon personnel, qui m'aidait depuis si longtemps, et au dévouement duquel j'étais heureux d'offrir ce témoignage.

Je reçus, vers la même époque, un autre grand prix, aussi flatteur qu'inattendu : je veux dire une somme de 100 contos (125.000 francs) que m'allouait le gouvernement de mon pays. Avec l'argent, il m'était offert une médaille en or de grand module, très belle, dessinée, frappée et gravée au Brésil. L'avers représente mon humble personne conduite par la Victoire et couronnée de laurier par une Renommée ailée. Au-dessus d'un soleil levant est gravé, avec la légère variante que j'y avais introduite, et tel qu'il flottait sur la longue flamme de mon aéronef, le vers de Camoëns : *Por ceus nunca d'antes navegados!* Le revers porte cette inscription : « Le Président de la République des États-Unis du Brésil, Dr Manoël Ferraz de Campos Salles, a fait graver et frapper cette médaille en l'honneur d'Alberto Santos-Dumont, — 19 octobre 1901 ».

Médaille offerte à M. Santos-Dumont par le gouvernement de son pays.

19.

CHAPITRE XVI

REGARD SUR LE PASSÉ ET L'AVENIR

Je ne visais pas le prix Deutsch en commençant à construire des aéronefs; je n'avais donc, après l'avoir gagné, aucune raison d'interrompre mes expériences. Mon premier aéronef était déjà lancé que ni l'Aéro-Club ni le prix Deutsch n'existaient encore. Tous deux, par leur création inopinée, par la juste importance qui s'y attacha, avaient posé subitement devant le public le problème de la navigation aérienne : si subitement, en effet, que je ne m'étais pas trouvé prêt à affronter dans un temps limité une pareille épreuve. Stimulé par le naturel et très vif désir d'une victoire, je m'étais efforcé, à mes frais et risques, de construire rapidement de nouveaux modèles. Je pouvais, maintenant, prendre tout le temps qu'il me fallait pour me perfectionner méthodiquement dans la navigation aérienne.

Supposez que vous achetiez une nouvelle bicyclette, un nouvel automobile : vous aurez à votre
service une machine parfaite, sans avoir, si peu
que ce soit, partagé les fatigues, connu les décep-
tions, les faux départs, les recommencements de
l'inventeur et du constructeur. Eh bien, malgré
tous ces avantages, vous aurez vite fait de vous apercevoir que la possession d'une machine parfaite
n'implique pas nécessairement l'assurance que vous
allez filer avec elle sur les routes. Vous pouvez,
par manque de pratique, tomber de la bicyclette
ou renverser l'automobile. La machine est parfaite; mais il faut apprendre à la conduire.

Pour amener à son point de perfection la bicyclette moderne, des milliers d'amateurs, d'inventeurs, d'ingénieurs et de constructeurs ont travaillé
plus de vingt-cinq ans, s'essayant sans fin à des
innovations dont ils rejetaient, une à une, le
plus grand nombre, et, après d'incalculables
échecs, arrivant peu à peu, par des demi-succès,
à la perfection de l'organisme.

C'est ainsi qu'il en va aujourd'hui avec l'automobile. Qu'on imagine au prix de quelles peines,
de quels sacrifices financiers, les ingénieurs et les
fabricants l'ont mené, pas à pas, jusqu'aux modèles
de course sur route de l'épreuve Paris-Berlin — en
cette année 1901 où le seul dirigeable alors exis-
tant gagna le prix Deutsch, malgré une limitation

de temps qui, pour beaucoup de personnes, lui rendait le succès impossible. Cependant, sur les 170 automobiles perfectionnés qui s'inscrivirent pour la course Paris-Berlin, 109 seulement effectuèrent totalement le parcours de la première journée; et de ces 109, il n'y en eut que 26 pour arriver finalement au terme.

Vingt-six en tout, sur 170 inscrits, pour achever la course! Et de ces 26 automobiles arrivés à Berlin, combien croit-on firent le voyage sans accident sérieux? Pas un peut-être!

Rien que de très normal là-dedans. On ne s'en doute pas. C'est dans ces conditions qu'une grande invention se développe. Mais que j'aie, moi, une panne dans l'air, je ne puis m'arrêter pour y remédier. Et tout le monde le saura.

Si donc, regardant en arrière, j'examinais mes progrès depuis ce jour de 1898 où mon ballon se pliait au-dessus des terrains de Bagatelle, j'admirais avec quelle rapidité je m'étais laissé entraîner, par l'attention du monde et ma propre ardeur, dans une tâche en somme arbitraire. Au risque de me rompre le cou et en sacrifiant beaucoup d'argent en pure perte, j'avais gagné le prix Deutsch. J'aurais pu arriver aux mêmes résultats par une progression moins forcée et plus raisonnable. J'avais été tout ensemble inventeur, patron, constructeur, amateur, mécanicien et capitaine de l'aéronef.

Et chacune de ces qualités suffit seule à vous
valoir travail et crédit dans le monde de l'automobile.

Au milieu de tous mes soucis, je me trouvai
souvent en butte à la critique, parce que je choi-
sissais des temps calmes pour mes expériences.
Cependant, qui est-ce qui, faisant des expériences
sur Paris — comme j'étais tenu d'en faire en m'essayant pour le Prix Deutsch, — ajouterait à ses
frais et risques naturels les ennuis de Dieu sait
quels procès pour avoir renversé les cheminées
d'une capitale sur les têtes d'un peuple de pié-
tons !

Je tâtai, une par une, les compagnies d'assurances. Aucune ne voulut me fournir de tarif pour
les dégâts que je pouvais occasionner un jour de
vent. Aucune ne voulut me fournir de tarif pour
assurer l'aéronef en cas de perte.

Il me parut alors que ce dont j'avais le plus besoin, c'était, purement et simplement, de m'exercer
à la navigation aérienne. J'avais progressivement
accru la vitesse de mes aéronefs : c'est-à-dire que
je ne m'étais occupé que de construction ; et
j'avais négligé mon éducation de capitaine.

Un capitaine de navire n'obtient son brevet
qu'après des années d'études et d'expériences pratiques dans des emplois subalternes. Le chauffeur
sur route, pour obtenir son certificat, est astreint

lui-même à subir un examen devant des juges spéciaux.

Dans l'air, où tout est nouveau, il ne suffit pas, pour conduire familièrement un dirigeable, qu'à l'expérience d'un aéronaute de ballon sphérique on joigne celle d'un chauffeur d'automobile; seul à son bord, le capitaine doit avoir le sang-froid, l'ingéniosité, la décision rapide, et cette sorte d'instinct que donne une longue habitude.

C'est pour m'en être avisé que ma grande préoccupation, durant l'automne de 1901, fut de trouver un endroit où m'exercer à souhait dans la navigation aérienne. Mon plus rapide et meilleur aéronef, le *Santos-Dumont* N° 6, était dans des conditions parfaites. Le lendemain du jour où je gagnai le Prix Deutsch, mon mécanicien me demanda si je désirais qu'il le tendît un peu avec de l'hydrogène. Je lui répondis affirmativement. Mais alors, en cherchant à introduire l'hydrogène, il fit une découverte curieuse : le ballon n'en pouvait plus recevoir! Il n'en avait pas perdu un seul mètre cube!

Le gain du Prix Deutsch m'avait coûté uniquement quelques litres de pétrole!

Juste au moment où approchait l'hiver parisien, saison des bises mordantes, des pluies froides et des ciels incertains, je reçus l'avis que le prince de Monaco — un savant, rendu célèbre par ses re-

cherches personnelles — construirait volontiers un
garage aéronautique sur la plage même de la
Condamine, d'où je pourrais sortir en Méditerranée, de façon à continuer ainsi pendant l'hiver mes
exercices aériens.

La situation me promettait d'être idéale. Dé-
fendue, en arrière, contre le vent et le froid, par
les montagnes, et, de chaque côté, contre la bise
de mer, par les hauteurs de Monaco et de Monte-
Carlo, la petite baie de Monaco m'offrirait un
champ de manœuvre très abrité.

Je tiendrais mon aéronef toujours en état et
rempli de gaz hydrogène. Il pourrait quitter le
garage quand le beau temps l'y inviterait, et s'y
réfugier à l'approche des rafales. Le garage serait
construit au bord de la mer, et j'aurais toute
l'étendue de la Méditerranée pour « faire » du
guide-rope.

CHAPITRE XVII

MONACO ET LE GUIDE-ROPE MARITIME

Quand j'arrivai à Monte-Carlo, dans la deuxième quinzaine de janvier 1902, l'aérodrome du prince de Monaco était déjà pour ainsi dire terminé, conformément à mes indications.

Il s'élevait sur le boulevard de la Condamine, juste en face des lignes de tramways électriques qui longent la digue. C'était une immense carapace de bois et de toile, sur une forte ossature de fer. Sa longueur était de 55 mètres, sa largeur de 10 mètres et sa hauteur de 15. Il le fallait solidement construit, et capable de braver les risques dont avait eu à souffrir l'aérodrome de la station aérostatique maritime de Toulon, qui, deux fois détruit, avait failli, la troisième fois, être emporté, comme un ballon de bois, par la tempête.

Si hasardée qu'en fût la forme, si curieuse

20

qu'en fût la structure, ce qu'il avait de sensation-
nel, c'étaient ses portes. Les touristes se répétaient
avec raison qu'on n'en avait jamais construit d'aussi
grandes, ni dans les temps anciens ni dans les
modernes. Elles s'ouvraient et se fermaient en
glissant, au moyen de roues, sur des tringles de
fer qui régnaient, dans le haut, de chaque côté de
la façade, et sur un rail disposé dans le bas. Elles
avaient chacune 15 mètres de haut sur 5 mètres
de large et pesaient respectivement 4.400 kilos.
Avec cela, l'équilibre en était si bien calculé que,
le jour de l'inauguration, malgré leurs dimensions
géantes, deux petits garçons de huit et dix ans les
manœuvrèrent à l'aise, — les deux jeunes princes
Ruspoli, petits-fils du duc de Dino, mon hôte à
Monte-Carlo.

Si la situation du nouvel aérodrome m'attirait
en ce qu'elle me promettait, pour des exercices
d'hiver, toute la commodité et toute la protection
désirables, la perspective de conduire en mer
mon aéronef ne me souriait pas moins. Même avec
un ballon sphérique, le problème de l'aérostation
supra-maritime a de quoi tenter fortement l'aéronaute. C'est à ce propos qu'un homme d'expérience,
officier de la marine française, a pu écrire :

« Le ballon est susceptible de rendre d'immenses
services à la marine, *pourvu que la direction en
puisse être assurée.*

Garage de Monaco.

« Flottant au-dessus de la mer, il peut être en
même temps un éclaireur et un auxiliaire offensif
d'un caractère si délicat que le service général de
la marine ne s'est pas encore permis de se pro-
noncer sur la question. Nous ne pouvons cependant
nous dissimuler davantage que l'heure approche où
les ballons, devenus engins militaires, exerceront,
sur le résultat des batailles, une grande et peut-
être décisive influence » !

Pour moi, je n'ai jamais fait mystère de ce qu'à
mon avis l'aéronef trouvera dans la guerre sa première utilisation pratique. Le clairvoyant Henri
Rochefort, qui, de son hôtel de la Turbie, venait
souvent à l'aérodrome, publia dans ce sens l'article
significatif que voici quand je lui eus communiqué
mes calculs de vitesse pour un Nº 7 alors en construction :

L'AÉROSTAT DE L'AVENIR

« Je descends souvent de La Turbie pour aller
voir Santos-Dumont dans l'immense hall où il travaille à perfectionner le ballon avec lequel il a si
bien tourné la Tour Eiffel, à l'étonnement de tant
de gens convaincus qu'il ne la tournerait pas.

« Ses évolutions au-dessus de la baie et du
rocher de Monaco ne laissent guère de doute sur le
succès du voyage aérien qu'il se propose de tenter
prochainement entre la Côte d'Azur et la Corse.

20.

Ce sera un événement considérable, non seulement parce qu'il marquera un immense progrès dans la solution du problème tant étudié de la direction des aérostats, mais parce que les résultats qui en découleront sont susceptibles, on peut le dire, de changer la face du monde.

« Du jour où il sera établi qu'un homme peut faire marcher son appareil dans une direction donnée et le manier à sa guise pendant les quatre heures que le jeune Santos demande pour aller de Monaco à Calvi, il ne restera plus guère aux nations qu'à mettre bas les armes.

« Supposons, en effet, qu'il prenne au hardi Brésilien la fantaisie d'offrir ses services à ces Boers qui font actuellement l'admiration de tous : grâce au nouveau ballon, de quinze mètres plus long que l'autre, qu'il est en train de construire, avec l'appoint de deux moteurs de quarante-cinq chevaux chacun, il serait maître de l'espace. Assisté de deux ou trois compagnons de route, il lui serait loisible d'observer et de transmettre aux défenseurs du Transvaal tous les mouvements des troupes anglaises. Rien ne lui serait même plus facile que de lancer d'en haut au milieu de leurs rangs des bouteilles d'explosifs contre les ravages desquels il leur serait impossible de lutter.

« L'expérience sensationnelle que le vainqueur du prix Deutsch est résolu à exécuter sera donc

décisive, et je suis étonné que l'importance capitale n'en n'ait pas encore été comprise par tous les
professionnels de l'aérostation. Monter dans un
ballon qu'on n'a pas construit et qu'on est hors
d'état de diriger constitue la plus aisée des perfor-
mances. Il y a, aux Folies-Bergère, un petit chat
qui donne, tous les soirs, ce spectacle au public.

« C'est quand il s'agit de conduire, au moyen du
moteur, de l'hélice et du gouvernail, l'appareil
d'un point à un autre, que la difficulté commence.
Aussi a-t-on le droit de se déclarer surpris que,
dans une interview avec un rédacteur de la *Presse*,
je crois, M. de Fonvielle, le plus vieux des ascen-
sionnistes, ait négligemment déclaré qu'il ne s'occupait pas des expérimentations de M. Santos-
Dumont. Il semble pourtant que ce soient celles
dont un passionné de l'aérostation devrait surtout
se préoccuper, puisque ce sont, à l'heure où nous
sommes, les seules qui aient réussi.

« J'estime également qu'au lieu de créer à cet
intrépide et ingénieux étranger des embarras où la
jalousie entrait pour une grosse part, nos aéronautes eussent fait œuvre patriotique en tâchant
de rallier à notre pays cet homme qui aurait pu,
dans une situation éventuelle mais à prévoir, lui
rendre d'inappréciables services.

« On lui avait imposé un programme consistant
en un voyage, aller et retour, de Saint-Cloud à la

Tour Eiffel. Il est allé à la Tour Eiffel et en est
revenu. Alors ses confrères qui rêvent comme lui
la conquête de l'air ont prétendu que cette épreuve
ne signifiait rien. Si elle avait dû ne rien signifier,
il est probable que M. Deutsch n'aurait pas offert
un prix de cent mille francs à celui qui l'accompli-
rait. Et, dans tous les cas, il ne pouvait pas aller
faire le tour du Panthéon, puisqu'on lui signifiait
de faire celui du monument Eiffel.

« Les acclamations de la France entière l'ont
vengé de ces injustices et peu de gens se sont
trompés sur les motifs qui les avaient inspirées.
La réponse de Santos-Dumont à ces clabauderies
était d'ailleurs toute trouvée :

« Puisqu'il vous était si facile de faire ce que
« j'ai fait, pourquoi me l'avez-vous laissé faire? »

« Il y aurait pourtant, de la part de ses adver-
saires, une façon victorieuse de prouver leur supériorité sur lui : ce serait d'aller en Corse à sa place.

« HENRI ROCHEFORT. »

Pour ce qui est de son emploi dans la guerre
terrestre, l'aéronef devra sans doute s'élever à des
hauteurs considérables pour échapper au feu de
l'ennemi; comme auxiliaire en mer, selon la con-
ception du marin français dont j'ai cité l'avis
autorisé, il remplira son rôle d'éclaireur dans des

conditions telles que l'extrémité de son guide-rope
traîne dans les vagues, et que, cependant, il soit
lui-même assez haut pour fouiller un vaste horizon. Il lui faudra des raisons que l'on conçoit
sans peine pour qu'il s'élève davantage et renonce

Fig. 11.

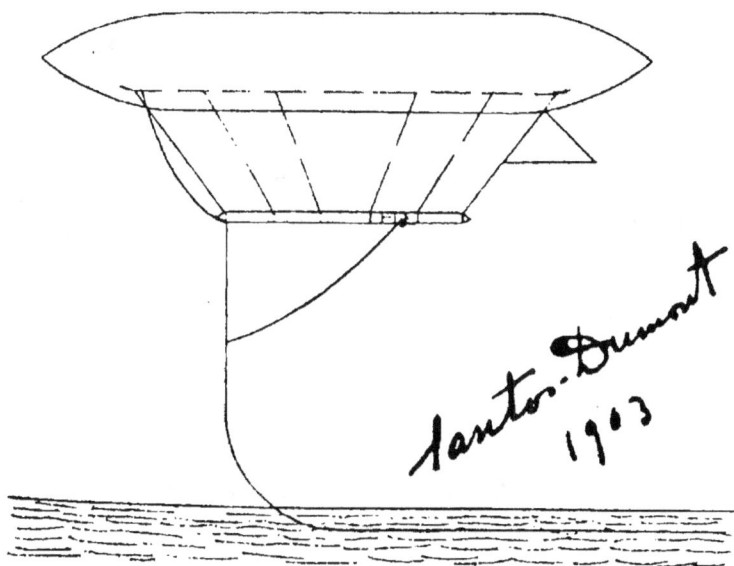

aux commodités du contact de son guide-rope avec
la surface de la mer.

Ces raisons, et la dernière entre toutes, me
rendaient impatient de beaucoup « guide-roper »
en Méditerranée. Si les expériences maritimes ont
tant de promesses pour l'aéronaute avec le ballon
sphérique, encore en ont-elles deux fois plus avec

l'aéronef qui, de par sa nature, ne porte comparativement que peu de lest. Ce lest, on n'a pas à le sacrifier à tout propos, comme avec le ballon sphérique, pour ramener l'aérostat, dès qu'il s'en écarte un peu, à la verticale : son objet n'est que d'intervenir dans les circonstances très critiques. Le navigateur aérien, s'il est seul, ne doit pas se préoccuper de rectifier continuellement son altitude au moyen du propulseur et des poids déplaçables. C'est en pleine liberté qu'il lui faut pouvoir diriger son aéronef : de façon qu'il y prenne tout son plaisir si c'est par goût personnel qu'il navigue ; de façon également que rien ne gêne ses observations et ses opérations s'il est en service de guerre. Toute garantie automatique de stabilité verticale est donc, pour lui spécialement, la bienvenue.

On sait ce qu'est le guide-rope. J'en ai déjà parlé à propos de ma première expérience en ballon sphérique. Quand, sur le sol, se rencontrent des surfaces unies, des routes ou même des rues, quand, par bonheur, il n'y a pas trop d'arbres, d'édifices, de clôtures, de poteaux et de fils télégraphiques, de trolleys, ou d'autres obstacles de même nature, le guide-rope est d'une aide aussi grande pour l'aéronef que pour le ballon sphérique. Il l'est bien davantage pour moi : il est tout l'essentiel de mes poids déplaçables.

Sur l'étendue illimitée de la mer, lors de ma

Installation de M. Santos-Dumont dans le garage de Monaco.

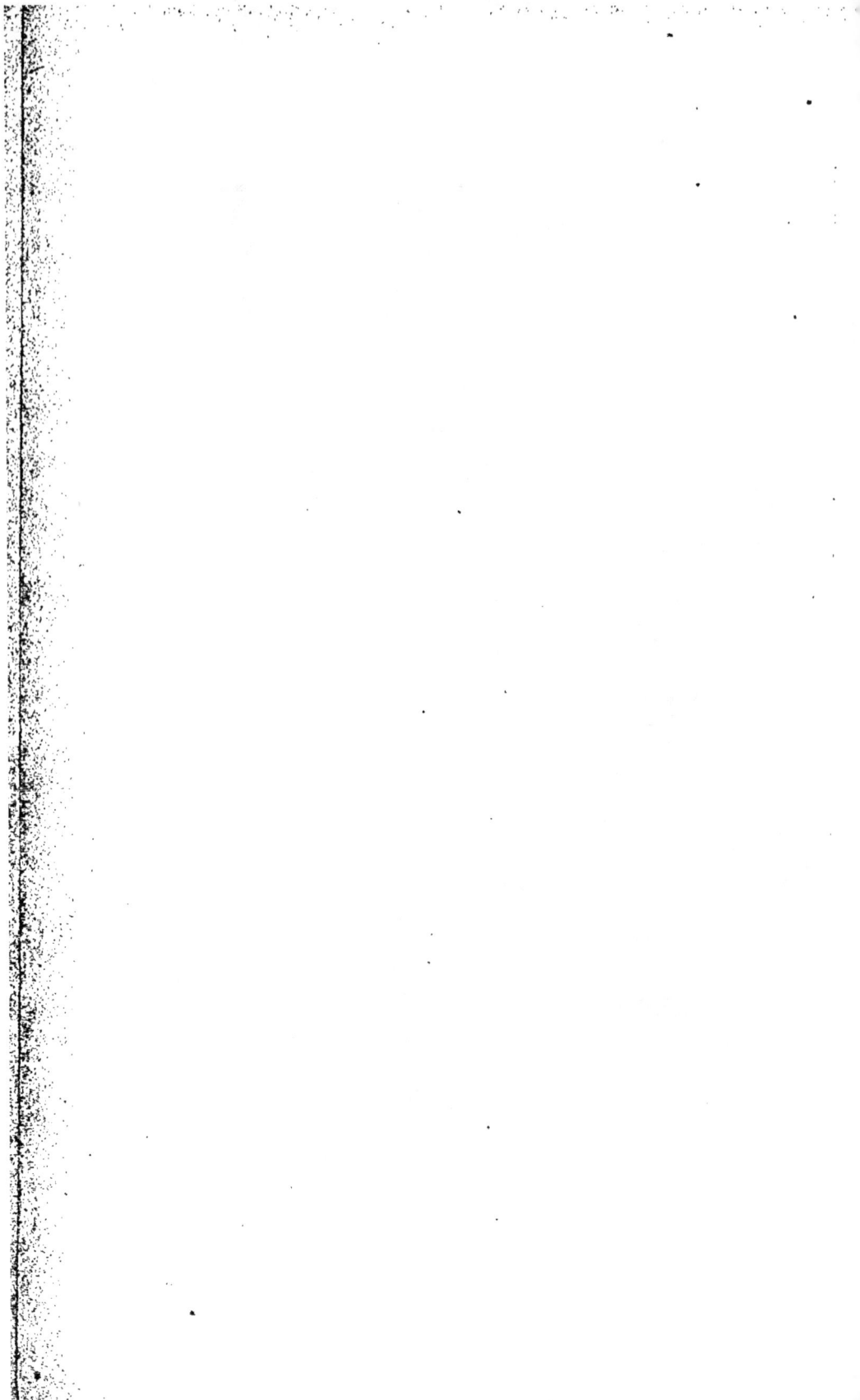

première ascension à Monaco, il fit vraiment ses
preuves de stabilisateur. Sa très faible résistance, du fait qu'il traîne dans l'eau, est hors
de toute proportion avec le poids de son extrémité
flottante. Suivant son plus ou moins d'immersion,
il leste ou déleste l'aéronef. Par son poids, il main-
tient le ballon à un niveau fixe au-dessus des
vagues, sans danger de contact avec elles. L'aéronef descend-il un tant soit peu vers la surface,
aussitôt il est soulagé d'un poids équivalent, et,
par l'effet de cette immédiate diminution de lest,
il se relève. Il se produit ainsi un incessant mouvement de descente et de remontée au-dessus des
vagues, infiniment doux, et qui, sans perte de
lest, d'une façon automatique, leste et déleste
tour à tour l'aéronef.

Ma première ascension en Méditerranée, dans
la matinée du 29 janvier 1902, m'apprit malheureusement autre chose. Je m'aperçus qu'on avait
mal calculé la situation de l'aérodrome. C'est là
de ces surprises qui attendent l'expérimentateur à
chaque pas dans ce champ si nouvellement frayé
de la navigation aérienne. On doit s'en souvenir
quand on fait le compte d'un progrès. En 1903,
lors de la course d'automobiles Paris-Madrid, que
de minutieuses précautions n'avait-on pas prises
pour assurer les coureurs contre les dangers des
tournants trop brusques et des passages à niveau !

Et comme il se trouva, malgré tout, qu'elles étaient grandement insuffisantes!

Au moment où l'aéronef quittait son garage, le matin du 29 janvier 1902, pour effectuer sa première ascension, les spectateurs purent constater qu'il n'existait, devant le bâtiment, rien d'analogue aux plates-formes d'atterrissage qu'exigeront les aéronefs de l'avenir. L'aéronef n'avait de lest que juste ce qu'il lui en fallait pour être un peu plus lourd que l'atmosphère; et l'on dut le remorquer, l'aider à sortir de l'aérodrome, à traverser le boulevard de la Condamine, avant qu'il pût s'élancer dans l'air au-dessus de la digue!

Alors, on s'avisa que la digue constituait un dangereux obstacle. Elle ne montait qu'à hauteur d'appui au-dessus du pavé; mais, de l'autre côté, la mer roulait son écume sur les cailloux à une profondeur de 4 ou 5 mètres.

Force fut de soulever l'aéronef au-dessus de la digue, et plus qu'à hauteur d'appui, par crainte d'endommager les bras du propulseur; et quand il dépassa le milieu du parapet, il n'y avait personne pour le soutenir de l'autre côté. Son avant s'inclinait de biais; son arrière menaçait de porter contre la maçonnerie. En bas, sur le rivage, une douzaine d'ouvriers, mal assurés parmi les cailloux, dressaient leurs bras vers la quille, pendant que, du boulevard, les hommes chargés de veiller au

ballon la leur faisaient descendre. Ils purent enfin
la saisir et l'équilibrer, juste à point voulu, pour
que je ne fusse pas précipité hors de la nacelle.

Tout cela fit que mon retour à l'aérodrome
après ma première ascension devint l'occasion
d'un vrai triomphe. La foule s'était vite rendu
compte des dangers de la situation, et elle prévoyait
pour moi des difficultés quand j'essaierais de rentrer au garage. Pourtant, comme il n'y avait pas
de vent et que je conduisais hardiment, je pus
faire une entrée sensationnelle, sans dégâts et sans
aide. Droit comme une flèche, l'aéronef fila vers
son abri. La police du prince avait eu peine à
dégager le boulevard entre la digue et les portes
grandes ouvertes. Des assistants, des auxiliaires,
se penchaient au-dessus du mur, les bras dressés,
m'attendant; plus bas, sur la plage, il y en avait
d'autres; mais, cette fois, je n'eus pas besoin de
leur assistance. Au moment où j'approchai d'eux,
je ralentis la vitesse du propulseur; j'arrêtai le
moteur quand je fus juste au-dessus d'eux par
le travers du mur; porté par la vitesse acquise,
l'aéronef glissa par-dessus leurs têtes vers l'entrée
béante. Ils avaient saisi mon guide-rope pour me
tirer vers la terre; mais comme j'arrivais en diagonale, c'était peine inutile; et ils se mirent à
marcher aux côtés de l'aéronef : ainsi, un entraî-
neur ou des palefreniers saisissent la bride du

cheval gagnant après la course et le ramènent triomphalement à l'écurie avec son jockey en selle.

Il était admis, cependant, que je ne devais pas être tenu à rentrer toujours aussi « serré » en revenant de mes excursions, et à enfiler l'aérodrome comme une main sûre enfile une aiguille. Un coup de vent pouvait me prendre de côté, me jeter contre un arbre, un réverbère, un poteau télégraphique ou téléphonique, sinon même contre les angles saillants des maisons qui avoisinaient, de part et d'autre, l'aérodrome. Quand je sortis de nouveau, l'après-midi du même jour, pour une petite promenade aérienne, la démolition du parapet de la digue ne s'imposait qu'avec trop d'évidence. Le prince offrit de le faire abattre.

— Je n'en demande pas tant, lui dis-je. Il suffit de faire construire une plate-forme d'atterrissage contre la digue, du côté de la mer, au niveau du boulevard.

C'est ce qui fut fait en douze jours d'un travail contrarié par des pluies persistantes. Quand il sortit, le 10 février 1902, pour sa troisième ascension, l'aéronef n'eut plus besoin que d'être élevé de quelques pieds par des hommes placés de chaque côté du mur. Ils le tirèrent doucement en avant jusqu'à ce qu'il flottât en équilibre au-dessus de la nouvelle plate-forme, laquelle s'avançait si

loin dans la mer que ses premières piles étaient
toujours mouillées par six pieds d'eau.

Debout sur la plate-forme, ils soutinrent l'aéronef
pendant que je mettais le moteur en marche, que
je me débarrassais de mon excédent de lest et
que je déplaçais le guide-rope, de façon à redresser
obliquement l'avant de l'aéronef. Le moteur cra-
cha, gronda, puis le propulseur se mit à tourner.
Pour la troisième fois à Monaco, je prononçai la
formule :

— Lâchez tout !

L'aéronef eut un glissement oblique et, légèrement, s'enleva. Alors, la force du propulseur
augmentant, une poussée énorme m'envoya au-
dessus de la baie. Je ramenai le guide-rope vers
l'avant pour prendre l'horizontale. Et l'aéronef fila
sur la mer, comme une flèche; sa banderole écar-
late flottait derrière lui, déroulant son inscription
symbolique, — les initiales du premier vers de la
Lusiade, de Camoëns, le poète épique de ma race :

Por mares nunca d'antes navegados!

21.

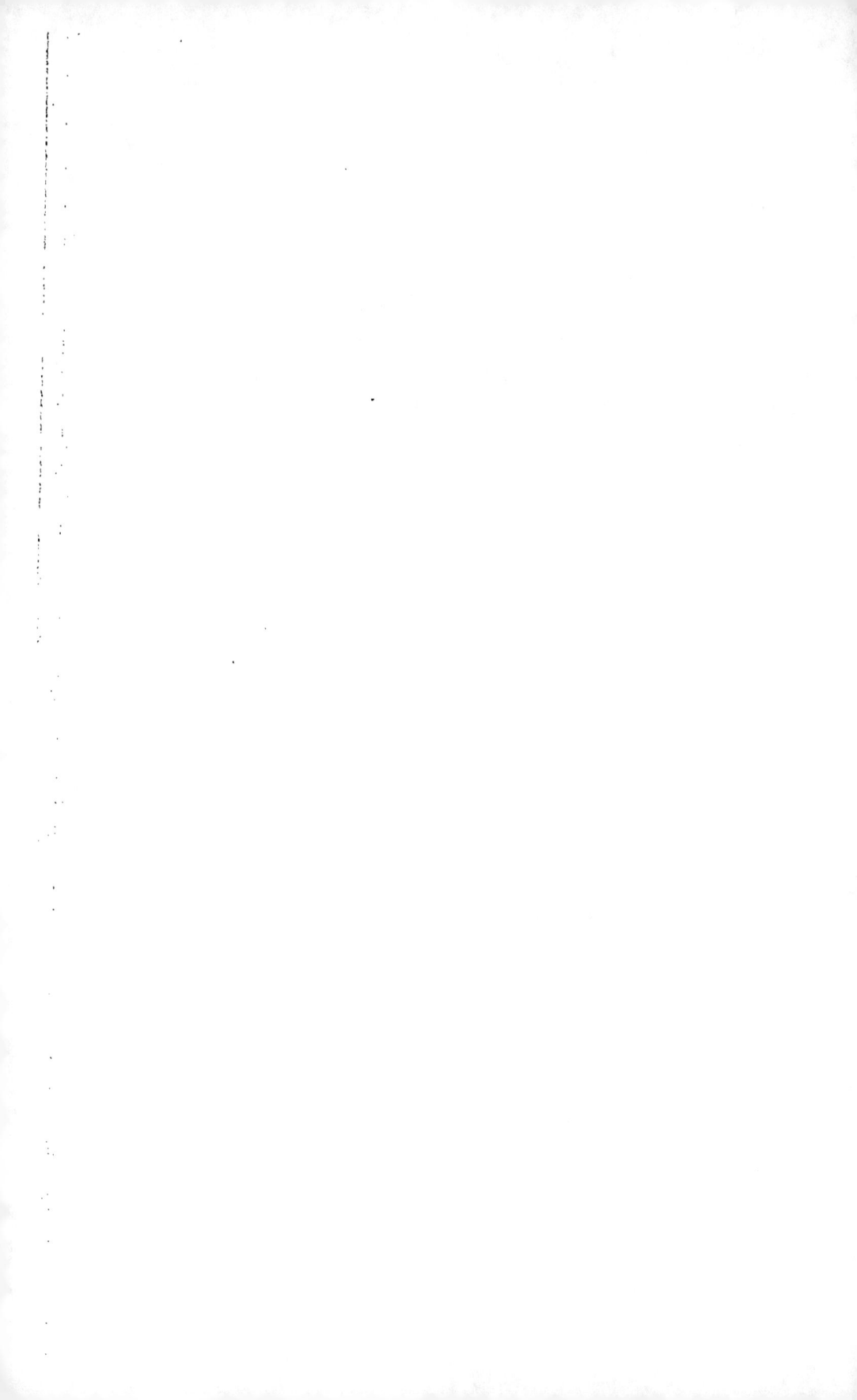

CHAPITRE XVIII

DANS LES VENTS DE LA MÉDITERRANÉE

Dans mes deux expériences préalables, je n'avais guère franchi les limites au delà desquelles la baie de Monaco cesse d'être protégée contre le vent. L'étendue abritée m'offrait un champ assez vaste pour que je pusse m'y exercer au guide-rope et à la direction aérienne. Qui plus est, des centaines d'amis et de curieux sympathiques s'étaient massés sur ses bords, depuis les terrasses de Monte-Carlo jusqu'aux rivages de la Condamine d'une part, et jusqu'aux hauteurs du Vieux Monaco, de l'autre. Tandis que je décrivais des cercles sur la baie, que je montais obliquement, descendais, allais tout droit, m'arrêtais brusquement, tournais et recommençais la manœuvre, leurs applaudissements venaient flatter mon oreille. A ma troisième ascension, je gagnai le large.

Je voguais en pleine Méditerranée. Le guide-rope
me maintenait à une altitude régulière d'environ
50 mètres au-dessus des vagues, comme si, mys-
térieusement, son extrémité se fût fixée à elles. Dans
ces conditions, assuré automatiquement de mon
altitude, je trouvai d'étonnantes facilités aux manœuvres de navigation aérienne. Pas de lest à
jeter, pas de gaz à abandonner, pas de poids à
déplacer, si ce n'est quand je désirais expressément monter ou descendre. La main au gouvernail,
ne quittant pas des yeux la pointe lointaine du cap
Martin, je n'appartenais qu'au plaisir de me laisser
aller au-dessus des vagues.

Je n'avais plus à redouter, dans ces solitudes
bleues, ni les cheminées de Paris, ni la menace
des toits en saillie, ni, comme au bois de Boulogne,
les cimes des arbres. Mon propulseur montrait sa
force, je n'avais qu'à le laisser faire, à bien tenir
ma ligne droite contre le vent, à regarder fuir
au loin derrière moi les rivages de la Méditerranée.

Regarder, je le pouvais à loisir. Et je ne tardai
pas à apercevoir deux yachts qui venaient vers
moi, de la côte. Je remarquai qu'ils voguaient
à pleines voiles. Au moment où je passai juste
au-dessus d'eux, j'entendis un faible : « Bravo! »
et je vis, sur le yacht le plus proche, une gracieuse silhouette féminine agitant un foulard

rouge. Je me retournai pour répondre à cette
politesse ; et je m'aperçus avec surprise que
j'étais déjà loin.

J'étais assez avancé le long de la côte, à mi-
chemin environ du Cap Martin. Sur ma tête,
l'infini bleu ; à mes pieds, la solitude des vagues

De Monte-Carlo au Cap Martin.

crêtées d'écume. En regardant s'en aller, çà et là,
les petits bateaux, je me rendis compte que le
vent passait à la rafale et qu'il me faudrait tourner dans le vent pour rentrer avec le vent.

Je donnai un coup de barre à bâbord, la main
serrée sur le gouvernail. L'aéronef tourna comme
un navire. Le vent me portait à la côte, je n'avais
plus à me préoccuper que de tenir ma ligne droite.

Presque en aussi peu de temps qu'il en faut pour l'écrire, je me retrouvai devant la baie de Monaco. Vivement, d'un coup de gouvernail, j'entrai dans l'anse abritée ; puis, au milieu de mille bravos, j'arrêtai le propulseur, ramenai le poids d'avant, et me laissai porter par la vitesse acquise jusque sur la plate-forme d'atterrissage. L'opération n'offrit aucune difficulté. Sur la large plate-forme se tenaient mes gens, avec des hommes mis à ma disposition par le prince. Ils saisirent l'aéronef pendant qu'il glissait lentement vers eux, lui firent franchir sans arrêt réel le mur de la digue, puis traverser le boulevard de la Condamine, et enfin l'introduisirent dans l'aérodrome. Ma promenade n'avait pas duré une heure ; et j'étais arrivé à quelque cent mètres du Cap Martin.

Cette promenade dégageait pour moi un sens très clair. J'avais d'abord marché contre un vent très fort. J'avais ensuite marché avec lui. On se rendra compte du fait en jetant un coup d'œil sur les deux photographies ci-après (pages 251 et 255) marquées *Vent A* et *Vent B*. Prises à des fins purement photographiques par un professionnel de Monte-Carlo, elles sont impartiales.

La figure *Vent A* me représente quittant la baie de Monaco contre un vent qui chasse en arrière la fumée de deux steamers à l'horizon ;

La figure *Vent B* a été prise de la côte, avant ma

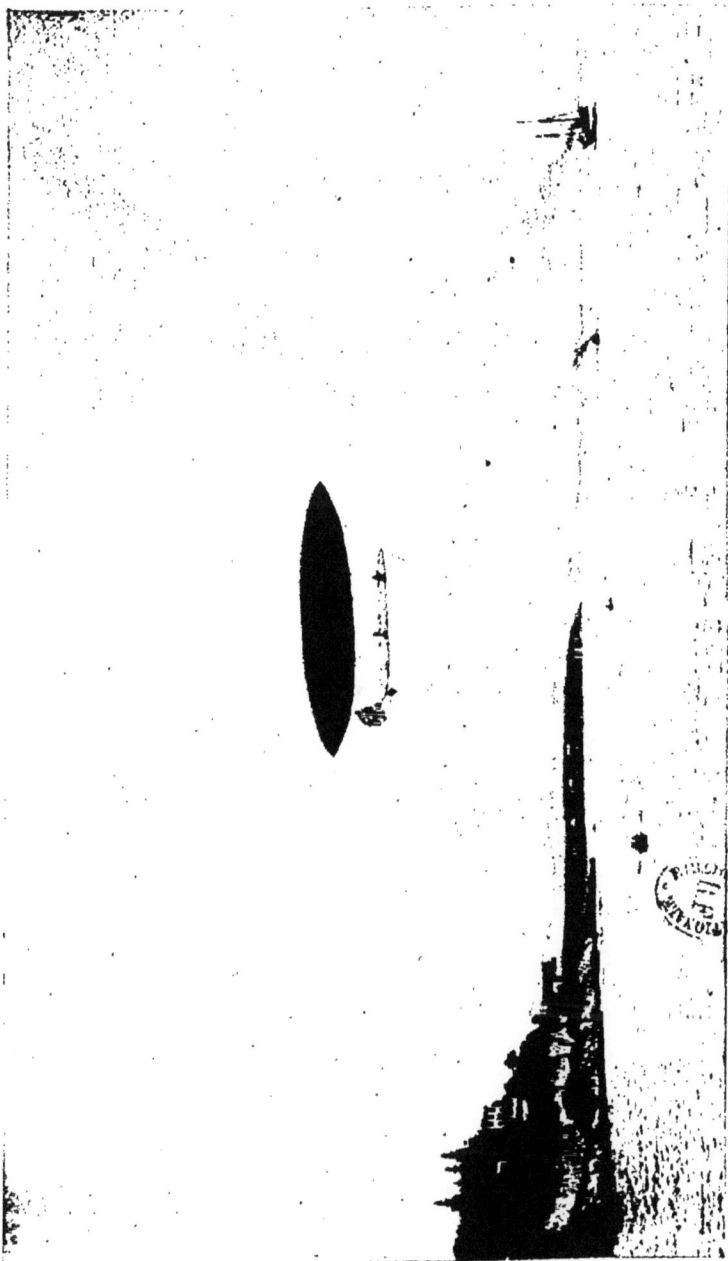

Dans la baie de Monaco « *Vent A* ».

rencontre des deux yachts qu'on voit très nettement filer dans ma direction.

La solitude où je me trouvai, au cours de cette promenade où, pour la première fois, j'étendais mon rayon d'expériences sur le littoral méditerranéen, ne faisait point partie de mon programme. Pendant que je fabriquais mon hydrogène et que je gonflais mon ballon, plusieurs hautes personnalités m'avaient rendu visite, qui m'avaient offert les moyens dont elles disposaient pour prêter à mes essais un concours appréciable. M. James Gordon Bennett était venu tout exprès de Beaulieu, où son yacht à vapeur *Lysistrata* était à l'ancre; M. Eugène Higgins avait déjà plusieurs fois amené de Nice la *Varuna*; M. Eiffel, de son côté, tenait prêt son joli petit steam-yacht.

L'intention de ces messieurs, comme celle du prince avec sa *Princesse·Alice*, était de suivre l'aéronef dans ses évolutions en Méditerranée, de façon à se trouver sur place en cas d'accident. Un caprice subit détermina cependant ma première ascension avant que les yachts eussent arrêté aucun programme; la suivante démontra, comme on va le voir, que les capitaines d'aéronefs n'ont pas beaucoup à compter sur ce genre de sauvegarde.

C'est le 12 février 1902 qu'eut lieu cette deuxième ascension. Une chaloupe à vapeur et deux canots à pétrole, tous trois bons marcheurs, ainsi que trois

22

bateaux à rames bien équipés, avaient été placés,
à distance les uns des autres, le long de la côte,
pour me recueillir si besoin était. La chaloupe à
vapeur du prince de Monaco, ayant le prince à son
bord, avec le gouverneur général de la principauté
et le capitaine de la *Princesse Alice*, m'avait de-
vancé au large. L'automobile Mors de 40 chevaux
de M. Clarence Grey Dinsmore et la Panhard
30 chevaux de M. Isidore Kahenstein devaient
suivre la route basse du rivage.

A peine quitté la baie, j'eus vent contraire; je
longeai le littoral tout droit, dans la direction de
la frontière italienne. Je mis à toute vitesse, pris
en main ferme le gouvernail et me laissai aller. Je
pouvais voir les lignes irrégulières de la côte
défiler derrière moi sur la gauche. Sur la route en
lacet, les deux automobiles allaient de front avec
moi, lancés à une très grande vitesse.

« C'était, dit au reporter d'un journal de Paris
l'un des compagnons de M. Dinsmore, tout ce que
nous pouvions donner pour suivre l'aéronef à travers les courbes de cette chaussée côtière, si grande
était la rapidité de sa marche aérienne. En moins
de cinq minutes, il arriva en face de la villa
Camille Blanc, qui se trouve à un kilomètre environ du Cap Martin à vol d'oiseau.

« L'aéronef, à ce moment, était absolument seul.
Je ne voyais, entre le Cap Martin et lui, qu'une

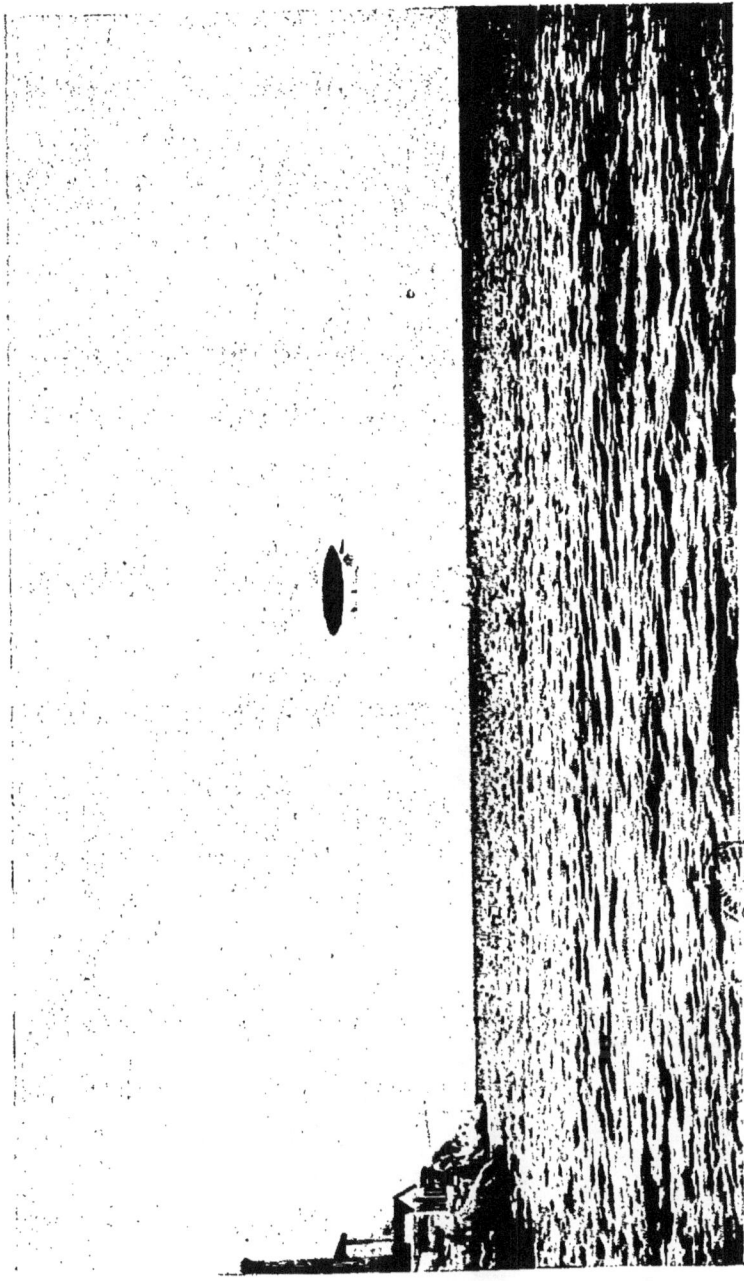

Dans la baie de Monaco « *Vent B* ».

barque à rames, et j'apercevais, très loin, la fumée
de la chaloupe du prince. Ce n'était pas un banal
spectacle que celui de l'aéronef planant ainsi solitaire sur l'immensité de la mer ».

Le vent, au lieu de décroître, avait augmenté.
Çà et là, autour de l'horizon, il chassait les yachts
devant lui, en inclinant leurs voiles blanches. La
situation m'était nouvelle. Je tournai donc brusquement et pris la direction du retour.

J'avais le vent pour moi, plus fort qu'il n'était
tantôt quand je longeais le rivage. Cependant je
n'éprouvai pas de difficulté à conduire, et je remarquai avec plaisir qu'ayant ainsi le vent avec lui,
l'aéronef perdait de son tangage. Malgré la vitesse
que me donnaient le propulseur et le vent arrière,
le mouvement, en effet, non seulement n'était pas
plus sensible, mais l'était moins qu'auparavant.

Par ailleurs, combien mes sensations étaient
différentes de celles que procure le ballon sphérique ! Il est vrai qu'en ballon sphérique l'aéronaute voit fuir la terre sous lui. Mais il sait qu'il
est sans pouvoir ; la grande sphère de gaz qui le
domine est le jouet d'un courant d'air ; et il ne
peut modifier sa direction de la longueur d'un
cheveu. Dans mon aéronef, si je me voyais volant
au-dessus de la mer, j'avais en main un gouvernail
qui me rendait le maître de ma direction dans cette
course splendide. Une ou deux fois, simplement

22.

pour me rendre compte, j'appuyai légèrement sur
la barre. Obéissant, l'avant de l'aéronef s'infléchit
de l'autre côté, et je me trouvai filant sur une nouvelle route diagonale. Chacune de ces manœuvres
ne demandait, au surplus, que quelques instants ;
et chaque fois je me remettais en ligne, droit sur
l'entrée de la baie. Le vol qui me ramenait à l'aérodrome était celui de l'aigle : je ne devais pas dévier.

Pour les curieux qui attendaient mon retour des
terrasses de Monte-Carlo et de Monaco, l'aéronef,
ainsi qu'il me le dirent ensuite, grossissait de
seconde en seconde, et c'était bien un aigle qui
paraissait fondre sur eux. Le vent soufflant vers
la terre, ils pouvaient entendre, à une grande distance, le sourd crépitement du moteur. De loin,
leurs cris d'encouragement commençaient à m'arriver. Ces cris, presque aussitôt, devinrent plus forts.
Autour de la baie, mille mouchoirs s'agitaient. Je
donnai vivement un coup de barre. L'aéronef
s'élança dans la baie, parmi les bravos et les flot-
tements de mouchoirs, au moment même où de
grosses gouttes de pluie se mettaient à tomber[1].

J'avais d'abord ralenti, puis arrêté le moteur.
Comme l'aéronef approchait lentement de la plate-

---

[1]. Une demi-heure après la rentrée de l'aéronaute, le vent
se mit à souffler avec violence, une tempête se déchaîna
et la mer devint très grosse. (Édition parisienne du *New-York
Herald*, 13 février 1902).

forme d'atterrissage, porté par la vitesse acquise, je fis le signal habituel pour que, des bateaux, l'on saisît mon guide-rope. La chaloupe à vapeur du prince, qui avait viré de bord à mi-chemin entre Monte-Carlo et le Cap Martin, après que je l'eus gagnée de vitesse à la sortie, venait de rentrer dans la baie. Le prince s'y trouvait encore. Il voulut saisir le guide-rope. Les personnes qui l'accompagnaient, ne se doutant ni de son poids, ni de la force avec laquelle l'aéronef le traînait dans l'eau, ne songèrent pas à l'en dissuader. Au lieu de saisir la lourde corde flottante au moment où la chaloupe en marche la dépassait, le prince s'y prit de telle sorte qu'elle le frappa au bras droit et le renversa au fond du petit bateau, lui occasionnant des contusions sérieuses.

Une seconde tentative pour saisir le guide-rope eut plus de succès : l'aéronef fut mené facilement jusqu'à la digue, puis, la digue franchie, jusqu'à son garage. Comme tout ce qui touche à ce nouveau mode de navigation, cette manœuvre particulière était nouvelle. J'allais plus vite qu'il n'y paraissait ; et il arrive souvent qu'on soit renversé par l'aéronef en essayant de le saisir et de l'arrêter, même quand il ne marche plus que par la vitesse acquise. La seule façon de ne pas recevoir un choc trop brusque est de marcher avec l'aéronef et de le retenir graduellement.

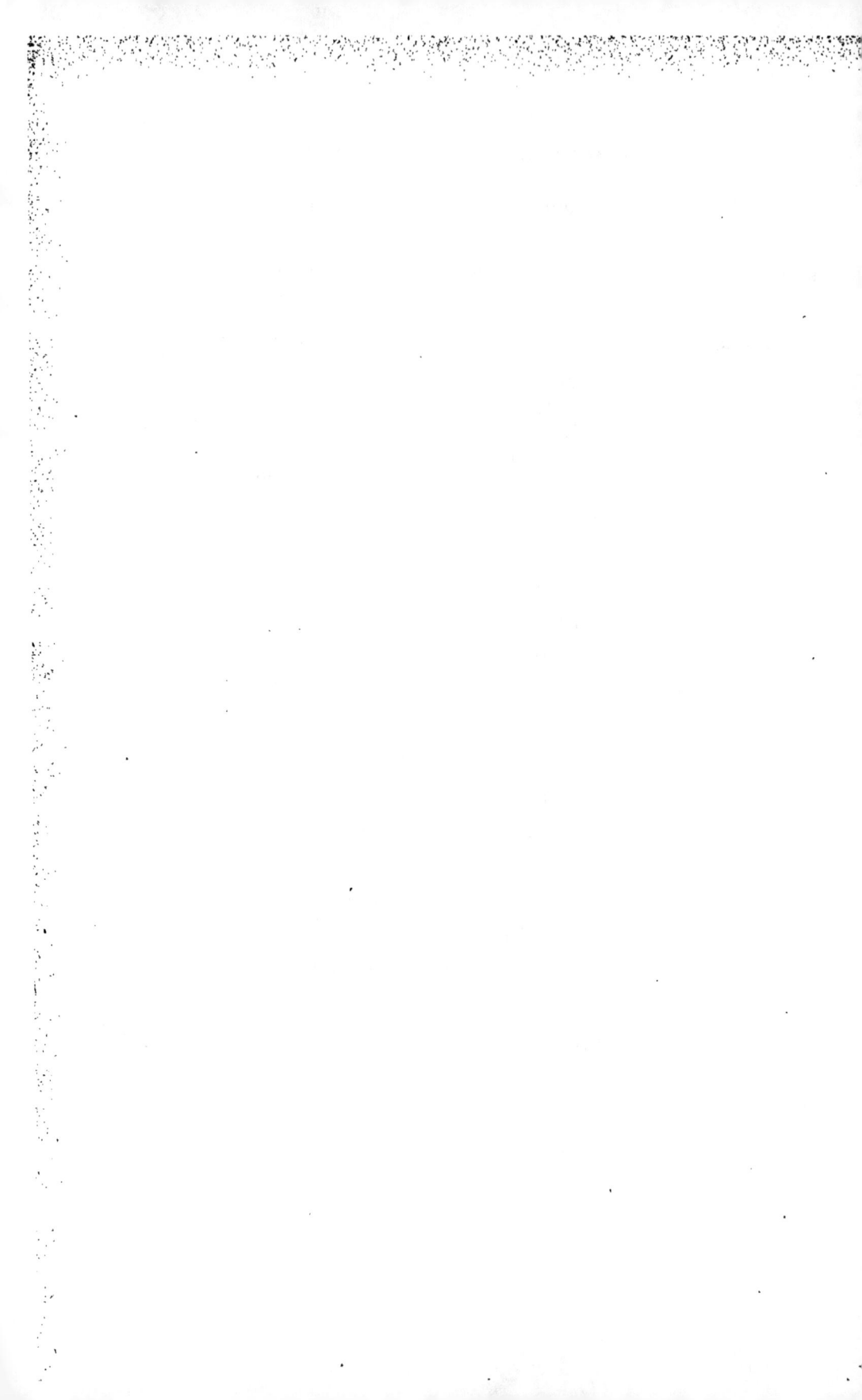

CHAPITRE XIX

VITESSE

Si l'on ne publia pas sur le moment les vitesses réalisées par mon N° 6 dans ses ascensions méditerranéennes, c'est que je n'en avais pas cherché l'évaluation très exacte. Je venais d'éprouver, à l'occasion du prix Deutsch, combien la limitation du temps est chose désagréable; aussi m'amusai-je franchement avec mon aéronef, et, tout en faisant des observations d'un vif intérêt pour moi, je ne me préoccupai de rien démontrer à personne.

Le problème de la vitesse est, sans doute, pour l'aéronef, le premier de tous les problèmes; entre aéronefs rivaux, la vitesse doit toujours servir de pierre de touche finale; et tant qu'on ne sera pas arrivé à une haute vitesse, un certain nombre d'autres questions que soulève la navigation aérienne doivent, pour une part, rester sans solution. Qu'on prenne, par exemple, la question du tangage. Je crois tout à fait probable qu'on trouvera, dans la vitesse, le point critique en deçà et au delà duquel le tangage sera pratiquement nul. A une allure lente ou modérée, je n'ai pas ressenti de tangage, et dans un aéronef comme mon n° 6 il semble ne jamais commencer qu'à une vitesse aérienne de 25 ou 30 à l'heure. Que l'on dépasse considérablement cette vitesse, que l'on arrive à 50, et l'on s'apercevra que le tangage cesse encore.

La vitesse devra toujours servir d'épreuve finale entre des aéronefs rivaux, parce qu'à la vitesse se rattachent toutes les autres qualités de l'aéronef, y compris la stabilité. Mais je n'avais pas, à Monaco, de rival avec qui entrer en lice. De plus, ce qui m'occupait et m'amusait par-dessus tout, c'était le magnifique travail du guide-rope marin ; ce guide-rope, traînant dans l'eau, retardait nécessairement toutes mes vitesses, et rien à faire là contre. Telle fut pour moi la rançon de l'équilibre automatique et de la stabilité verticale — autrement dit de la navigation facile — tant que je restai le seul et unique passager de l'aéronef.

Calculer la vitesse d'un aéronef n'est pas une opération toute simple. Dans cette ascension où je descendis et remontai le littoral méditerranéen, ma vitesse de retour, merveilleusement servie par le vent, n'avait aucun rapport avec ma vitesse de

sortie, contrariée par le vent; et rien ne démontra
que la force du vent, tant à l'aller qu'au retour,
fût constante. Il est vrai que l'une des difficultés
de ces calculs de vitesse — je veux dire le jeu des
variations d'altitude, qui est continuel et analogue
à un mouvement de montagnes russes — disparais-
sait, ici, par l'effet du guide-rope marin; mais,
d'autre part, on le sait, le guide-rope immergé, par
sa résistance, agissait comme un frein très efficace.
Quand la vitesse du moteur s'accroît, la résistance du guide-rope s'accroît aussi, de même que
celle de l'atmosphère, non pas à raison de la
vitesse, mais à raison du carré de la vitesse.

Les facilités de navigation que je dus au guide-
rope marin, dans mes croisières en Méditerranée,
me coûtèrent, autant que je pus l'évaluer ensuite,
une perte de vitesse de 6 kilomètres par heure;
mais, avec ou sans guide-rope marin, le calcul de
la vitesse offre par lui-même des difficultés à peu
près insurmontables.

De Monte-Carlo au Cap Martin, un matin donné,
à 10 heures, on peut faire une tout autre traversée
aérienne que de Monte-Carlo au Cap Martin l'après-
midi du même jour; et du Cap Martin à Monte-
Carlo, c'est encore, nécessairement, à moins d'un
calme parfait, une traversée bien différente. Et pas
de calcul sérieux qu'on puisse baser sur les indications de l'anémomètre. J'emportais néanmoins cet

instrument. Par curiosité, pendant ma sortie du
12 février 1902, j'en notai à plusieurs reprises
les indications. Il sembla accuser une vitesse, par
heure, de 30 à 35 kilomètres; mais l'action exercée par le vent, et, ce qui complique les choses,
par les coups de côté, à la fois sur l'aéronef et sur
les ailes de l'anémomètre, c'est-à-dire sur deux
corps en mouvement dont la force d'inertie n'est
pas rationnellement comparable, suffirait à fausser
le résultat.

Si donc j'avance qu'en mettant tout au mieux
ma vitesse moyenne dans l'air, au cours de cette
ascension, était de 30 à 35 kilomètres par heure,
on comprendra que je veux dire ma vitesse dans
l'air qu'il fût agité ou calme et cette vitesse retar-
dée encore par la résistance du guide-rope marin.
En mettant que cette résistance, modestement éva-
luée, représente 7 kilomètres par heure, ma vitesse
dans l'air, agité ou calme, serait, par heure, de
37 à 42 kilomètres.

Le temps que j'aurais perdu à des calculs illu-
soires sur le papier, je l'ai toujours employé de
préférence à perfectionner matériellement mes modèles. Vienne le jour où ils se mesureront avec des
rivaux que personne plus que moi n'attend avec
impatience, et tous les calculs de vitesse qu'on
aura faits sur le papier, toutes les discussions
qui auront pris ces calculs pour base ne pourront

que s'effacer devant l'éclatant témoignage des
courses d'aéronefs.

Où les calculs de vitesse ont une réelle importance, c'est dans les données indispensables qu'ils
fournissent pour la construction d'aéronefs nouveaux et plus puissants. Mon N° 7 de course, dont
la force motrice dépend de deux propulseurs mesurant chacun 5 mètres de diamètre et actionnés par
un moteur de 60 chevaux avec réfrigérant, a l'enveloppe de son ballon faite d'une double couche
de la plus forte soie française, quatre fois vernie,
capable de supporter, à l'épreuve du dynamomètre,
une traction de 3.000 kilos par mètre linéaire. Je
vais essayer d'expliquer pourquoi l'enveloppe du
ballon doit être d'autant plus solide que l'aéronef
est destiné à fournir une vitesse plus grande ; ce
sera pour moi l'occasion de révéler l'unique et
paradoxal danger qui menace les dirigeables à
grande vitesse, et qui est d'avoir non pas leur
avant défoncé par l'atmosphère extérieure, mais
de voir éclater leur arrière.

Bien que la pression intérieure, dans les ballons
de mes aéronefs, soit, de par leur nature, très considérable — les ballons sphériques, à cause de l'orifice
dont ils sont munis en leur fond, n'ont pas à en
supporter de pareille, — nous la mesurons, non par
« atmosphères », mais par centimètres ou millimètres de pression d'eau, c'est-à-dire de pression

23

nécessaire pour envoyer une colonne d'eau à cette hauteur dans un tube. Une atmosphère représente une pression d'un kilogramme par centimètre carré; elle équivaut à 10 mètres de pression d'eau ou, plus pratiquement, à 1.000 centimètres d'eau. En supposant, maintenant, que la pression intérieure, dans mon N° 6 plus lent, atteignît 3 centimètres d'eau — pression nécessaire pour ouvrir ses valves à gaz, — elle eût été équivalente à 1/333ᵉ d'atmosphère; et comme une atmosphère est l'équivalent d'une pression de 1.000 grammes par centimètre carré, la pression intérieure de mon N° 6 eût été de 1/333ᵉ de 1.000 grammes ou 3 grammes. Donc, la pression intérieure, par mètre carré, sur l'avant du ballon de mon N° 6, eût été de 10.000 × 3, ou 30.000 grammes, soit 30 kilogrammes.

Comment cette pression intérieure est-elle maintenue sans être dépassée? Que le grand ballon extérieur fût gonflé d'hydrogène et chacune de ses valves scellée avec de la cire, la chaleur du soleil pourrait dilater l'hydrogène, déterminer un excès de pression et faire éclater le ballon. Ou que le ballon scellé montât à une certaine hauteur, la pression décroissante de l'atmosphère amènerait une dilatation de l'hydrogène, et le résultat serait le même. Les valves à gaz du grand ballon ne doivent donc pas être scellées; bien plus, elles doivent être soigneusement faites pour s'ouvrir

d'elles-mêmes sous une pression nécessaire et cal-
culée.

Mais cette pression, — de 3 centimètres dans le
N° 6, — pour que la chaleur du soleil ou l'élévation
du ballon la détermine, il faut, prenons-y garde,
que le ballon soit complètement rempli de gaz :
ce qu'on peut appeler sa pression « active »,
et qui est inférieur d'un cinquième, est maintenu
par la pompe à air. Continuellement actionnée par
le moteur, la pompe ne s'arrête pas d'envoyer de
l'air dans le petit ballon intérieur. Celui-ci en retient la quantité nécessaire pour conserver au ballon
extérieur sa rigidité de forme ; le reste, il l'expulse
dans l'atmosphère, en lui faisant traverser sa valve
à air, laquelle cède à une pression un peu plus
faible que celle qui ouvre les valves à gaz.

Revenons au ballon de mon N° 6. La pression
intérieure sur son avant, par mètre carré, étant
continuellement de 30 kilos, l'enveloppe de soie
qui le constitue doit être normalement assez forte
pour la supporter. Mais il est aisé de se rendre
compte qu'elle est de plus en plus soulagée de
cette pression intérieure à mesure que l'aéronef
gagne en mouvement et accroît sa vitesse. En frap-
pant l'air, l'aéronef détermine une contre-pression
sur l'extérieur de son avant. Donc, jusqu'à 30 kilos
par mètre carré, toute augmentation de sa vitesse
tend à diminuer la tension : de sorte que, plus sa

marche est rapide, moins son avant risque d'éclater.

A quelle vitesse le ballon peut-il se laisser porter par son moteur et son propulseur avant que sa proue frappe l'air assez fort pour faire plus que neutraliser la pression intérieure? Ceci encore est affaire de calcul. Pour ne pas ennuyer le lecteur, je me bornerai à rappeler que mes ascensions en Méditerranée démontrèrent la possibilité, pour le ballon de mon N° 6, de soutenir une vitesse de 36 à 42 kilomètres à l'heure sans aucun symptôme de tension. Si, à un aéronef ayant les proportions de mon N° 6, j'avais voulu demander, dans les mêmes conditions, une vitesse double, son ballon aurait dû être assez fort pour supporter quatre fois sa pression intérieure de 3 centimètres d'eau, car la résistance de l'air grandit en proportion non pas de la vitesse, mais du carré de la vitesse.

Le ballon de mon N° 7 n'est pas, naturellement, construit exactement dans les mêmes proportions que celui du N° 6; mais je puis dire qu'il s'est montré capable de soutenir une pression intérieure de beaucoup plus de 12 centimètres. En fait, ses valves à gaz ne s'ouvrent que sous cette pression; et cette pression est quatre fois supérieure à celle de mon N° 6. Si donc l'on compare, d'une façon générale, les deux ballons, il est clair que, sans aucun risque, et avec, même, une réelle atténuation de la pression intérieure sur son avant, le

ballon de mon N° 7 peut être conduit à une vitesse
deux fois plus grande que celle de 40 kilomètres à
l'heure que j'obtins sans effort en Méditerranée,
— soit à la vitesse de 80 kilomètres!

Je dis : « Avec une réelle atténuation de la
pression intérieure sur l'avant du ballon »; et ceci
nous amène à ce qui est l'unique et paradoxal
point faible du dirigeable rapide. Nous avons vu

Fig. 12.

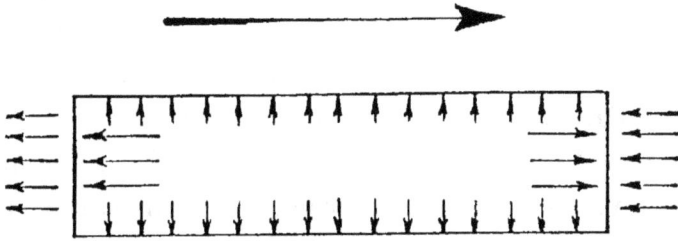

que jusqu'au moment où la pression extérieure
vient à égaler l'intérieure, toute augmentation de
vitesse est une réelle garantie de sécurité pour
l'avant du ballon. Malheureusement, il n'en va
pas de même pour l'arrière. Sur l'arrière aussi la
pression intérieure est continuelle; mais la vitesse
ne peut l'en soulager. Au contraire, la « succion »
de l'atmosphère, derrière le ballon filant à grande
vitesse, augmente presque en proportion de la
pression déterminée par sa marche. Et cette « succion », loin de neutraliser la pression intérieure

23.

sur l'arrière du ballon, fait que la tension s'accroît
d'autant plus, car la traction ici s'ajoute à la
poussée. De sorte que, si paradoxale que semble la
chose, le danger, pour le dirigeable rapide, n'est
pas tant d'avoir son avant crevé que son arrière
emporté !

Comment parer à ce danger? Mais, sans aucun
doute, en renforçant l'enveloppe à l'arrière. Nous
avons vu qu'au moment où la vitesse de mon aéronef vient à être juste assez grande pour neutraliser
complètement sur son avant la pression intérieure,
la tension, à l'arrière, est pratiquement doublée.
Aussi doublai-je à cet endroit l'enveloppe.

J'ai raison de soigner le ballon de mon N° 7.
Avec lui, j'aborderai définitivement le problème de
la vitesse. Il a deux propulseurs, mesurant chacun 5 mètres de diamètre : un pour pousser à
l'arrière, comme d'habitude ; l'autre pour tirer à
l'avant, comme dans mon N° 4. Son moteur Clément de 60 chevaux lui donnera, si mes prévisions
se réalisent, une vitesse de 70 à 80 kilomètres par
heure. En un mot, la vitesse de mon N° 7 nous
rapprochera d'une navigation aérienne pratique et
journalière : car étant donné qu'on a rarement un
vent dont la force atteigne même 50 kilomètres à
l'heure, un pareil aéronef sera sûrement capable
de sortir chaque jour plus de dix mois sur douze.

CHAPITRE XX

UN ACCIDENT ET SA MORALE

Le 14 février 1902, à deux heures et demie de l'après-midi, le solide aéronef qui avait gagné le prix Deutsch quitta l'aérodrome de la Condamine pour ce qui allait être son dernier voyage.

A peine sortait-il de l'aérodrome qu'il commença à se mal comporter, à plonger lourdement. Il n'était qu'imparfaitement gonflé au départ du garage; par suite, il manquait de force ascensionnelle. Pour garder l'altitude convenable, j'accentuai la diagonale de montée et laissai le propulseur continuer sa poussée ascendante. Si l'aéronef plongeait, c'est, naturellement, qu'il subissait l'effort contraire de la pesanteur.

A l'ombre, dans l'aérodrome, il avait trouvé une atmosphère relativement fraîche. Il était maintenant dehors, au grand soleil. Cette circonstance fut

cause que l'hydrogène avoisinant l'enveloppe de
soie se raréfia rapidement. Comme le ballon n'était
qu'imparfaitement gonflé en quittant l'aérodrome,
l'hydrogène raréfié put se porter sur son point cul-
minant, je veux dire sur son avant dressé. L'inclinaison que je lui avais donnée à dessein en fut
exagérée. L'avant du ballon se dressa de plus en
plus; il sembla même quelque temps qu'il eût
presque pris la position perpendiculaire.

Avant que j'eusse pu corriger les écarts de mon
coursier aérien, plusieurs des cordes diagonales,
soumises à une pression oblique insolite, avaient
commencé à se rompre; d'autres, notamment celles
du gouvernail, s'accrochaient au propulseur.

Si je ne mettais ordre au frottement du propulseur contre le gréement, l'enveloppe du ballon se
déchirerait très vite; le gaz fuirait en masse; je
serais violemment précipité dans les flots.

J'arrêtai le moteur. Ma situation devenait celle
d'un aéronaute montant un ballon sphérique ordinaire. J'étais à la merci des vents. Ils me portaient
vers le rivage. J'irais bientôt me jeter contre les
fils télégraphiques, les arbres, les angles des maisons de Monte-Carlo.

Je n'avais qu'un parti à prendre.

Je tirai sur la valve de manœuvre, je laissai fuir
une quantité suffisante d'hydrogène, et descendis
lentement sur l'eau, où l'aéronef s'immergea.

Ballon, quille et moteur furent heureusement repêchés le lendemain et expédiés à Paris pour y être réparés. Ainsi finirent brusquement mes expériences maritimes. Je venais d'apprendre que, si un ballon bien gonflé et muni de bonnes valves n'a rien à craindre d'un déplacement de gaz, mieux vaut être assuré et se bien garder contre la possibilité de ce déplacement quand, par suite d'une négligence, on a laissé le ballon sortir imparfaitement gonflé.

C'est pourquoi, depuis lors, dans tous mes aéro nefs, je divise le ballon en compartiments au moyen de cloisons de soie verticales, non vernies.

Accident de Monte-Carlo (4).

De ce que ces cloisons ne sont pas vernies, il résulte que le gaz hydrogène passe lentement, en les traversant, d'un compartiment dans un autre de manière à assurer partout une pression égale. Et comme ce n'en sont pas moins des cloisons, elle sont toujours en mesure de prévenir un trop rapide afflux du gaz sur l'une quelconque des extrémités du ballon.

A vrai dire, on ne saurait trop, lorsqu'on fait des expériences de dirigeable, se précautionner contre les petites erreurs et négligences de ses aides. Depuis déjà quatre ans, j'ai quatre hommes à mon service. Ce sont, à leur manière, des hommes compétents, et j'ai en eux toute confiance. Il arriva néanmoins que l'aéronef put quitter l'aérodrome sans être parfaitement gonflé. Imaginez par là le danger que peut courir un expérimentateur avec des subordonnés sans expérience !

Malgré leur grande simplicité mes aéronefs exigent une surveillance continuelle sur certains points capitaux.

Le ballon est-il gonflé à point ?

Y a-t-il quelque possibilité de fuite ?

Le gréement est-il en bon état ?

Le moteur marche-t-il convenablement ?

Les cordes commandant le gouvernail, le moteur, le water-ballast, les poids déplaçables, fonctionnent-elles librement ?

Accident de Monte-Carlo (B).

Le lest a-t-il été exactement pesé?

En tant que machine, l'aéronef ne réclame pas
plus de soins qu'un automobile; mais, au point
de vue des conséquences, une fidèle et intelligente surveillance est, simplement, d'une impé-
rieuse nécessité. A l'instant où je parle, il y
a, sur toutes les routes de France, mille automobiles en panne, et leurs enthousiastes chauffeurs se glissent sous eux, dans la poussière, la
clé en main, pour remédier à un accident occa-
sionnel. Ce n'est pas là de quoi faire perdre aux
chauffeurs la bonne opinion qu'ils ont de leur

machine. Que le même petit accident arrive à
un aéronef, et l'univers en sera probablement
informé !

Dans les premières années de mes expériences,
je tenais à tout faire par moi-même. Je « pansais »
de mes mains mes ballons et mes moteurs. Mes
aides actuels comprennent mes aéronefs actuels,
et, neuf fois sur dix, ils me les remettent en état
pour le voyage. D'ailleurs, si je construisais de
nouveaux modèles, je serais obligé de les soumettre tous à un nouvel entraînement, pendant
lequel il me faudrait de nouveau soigner moi-
même mes aéronefs.

Le jour où l'aéronef quitta l'aérodrome imparfaitement gonflé et pesé, la négligence de mes
hommes n'en fut pas tant la cause que la situation
défectueuse de l'aérodrome. Quelque soin qu'on eût
mis à en établir les plans et à le construire, il ne
ménageait pas, au dehors, de par sa situation même,
un assez grand espace pour lancer l'aéronef et
s'assurer si le lest était bien distribué. Cette véri-
fication eût-elle été possible, on se fût avisé à
temps qu'il n'était qu'imparfaitement gonflé.

En jetant un regard rétrospectif sur mes diverses
expériences, je constate avec étonnement que le
plus grand danger que je courus passa inaperçu,
même pour moi. C'était à la fin de mon ascension
la plus heureuse en Méditerranée, au moment où

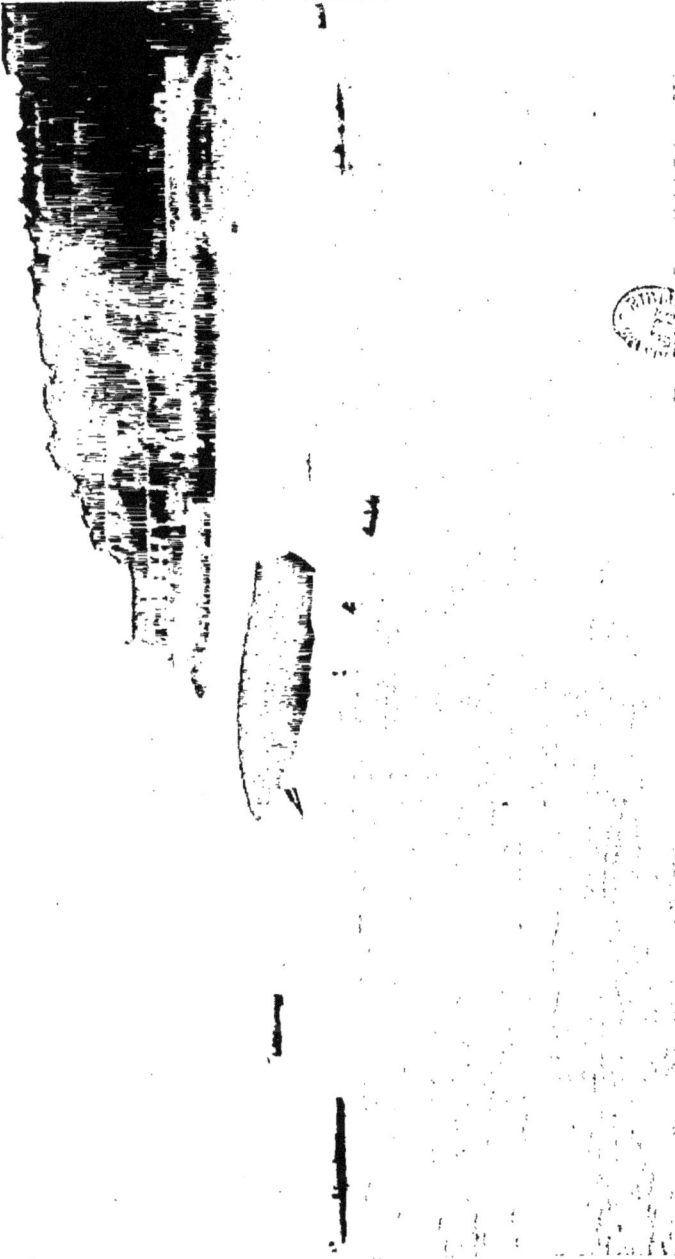

Accident de Monte-Carlo (1).

le prince, en essayant de saisir mon guide-rope,
avait été jeté à la renverse au fond de son petit
vapeur. J'étais entré dans la baie, après avoir effectué mon retour en longeant la côte, et l'on me tirait
vers l'aérodrome. L'aéronef était descendu très bas
sur l'eau ; on l'y faisait descendre plus encore en
tirant sur le guide-rope, si bien qu'il finit par n'être
plus qu'à quelques pieds de la cheminée de la chaloupe. Or, cette cheminée crachait des étincelles
ardentes ! Et de ces étincelles, une seule suffisait
pour, en montant, faire une brûlure à mon ballon,
enflammer l'hydrogène, et, le ballon et moi, nous
réduire en poudre !

CHAPITRE XXI

LA PREMIÈRE STATION D'AÉRONEFS
DU MONDE

L'expérimentateur d'aéronef se heurte, dans ses travaux, à un inconvénient spécial absolument étranger aux difficultés du problème. Cet inconvénient a pour cause le fait tout nouveau de se mouvoir dans une troisième dimension ; et il réside dans cet autre fait que l'esprit est lent à comprendre la nécessité de pourvoir à la montée et à la descente de l'aéronef en diagonale, quand il quitte ou qu'il regagne le sol.

L'Aéro-Club de Paris, lorsqu'il aménagea ses terrains de Saint-Cloud, le fit uniquement dans la pensée de faciliter aux ballons sphériques leur montée verticale. Aucune mesure ne fut prise, même, pour leur atterrissage, et c'est qu'en effet leurs capitaines ne caressaient pas l'espoir de les

24.

ramener au parc de Saint-Cloud, sinon par chemin de fer et bien emballés dans des caisses. Le ballon sphérique atterrit où le porte le vent.

Quand je construisis mon premier garage d'aéronef sur les terrains du Club, à Saint-Cloud, j'avoue que l'avantage, alors nouveau, de posséder mon appareil à gaz, mon atelier, mon garage où je pourrais loger indéfiniment mes dirigeables tout gonflés, détourna mon attention de cette autre question presque vitale que j'appellerai « la question des alentours ». C'était déjà un grand progrès pour moi que de n'être pas forcé de vider le ballon et d'en perdre l'hydrogène après chaque voyage. Si bien que, dans ma satisfaction de bâtir un garage d'aéronef avec de grandes portes roulantes, je ne pris même pas la précaution de m'assurer, ni devant lui, ni, moins encore, sur ses côtés, une étendue ouverte et plate. Quand, peu à peu, des tranchées profondes d'environ 1 mètre, vagues ébauches de fondations pour des constructions qui semblaient ne devoir jamais s'achever, apparurent, çà et là, à la droite et au delà de mes portes ouvertes, je me rendis compte que mes aides s'exposeraient à y tomber chaque fois qu'à la fin de mes voyages ils courraient pour saisir mon guide-rope. Et le jour où la gigantesque ossature du garage destiné par M. Henry Deutsch à l'aéronef *Ville de Paris*, qu'il construisait en s'inspirant de mon N° 6,

Le *Santos-Dumont* N° 7.

se dressa juste en face de mes portes roulantes, à la distance d'à peine deux longueurs d'aéronef, je compris qu'il y avait là, non plus un simple inconvénient dû à l'agglomération qui devait naturellement se produire sur les terrains d'un Club, mais un danger. Le nouveau danger ne m'empêcha pas de gagner le prix Deutsch; et lorsque je revins de la Tour, je franchis de haut le squelette du garage. Je puis dire ici, cependant, que les tranchées de fondation furent la cause bien innocente du débat qui s'éleva sur le temps de mon parcours et auquel j'ai fait, en son lieu, une brève allusion. Voyant qu'ils

pouvaient aisément s'y casser les jambes, j'avais
formellement interdit à mes hommes de courir, en
traversant cette partie du terrain, les bras et les
yeux en l'air, pour saisir mon guide-rope. Très
loin de songer qu'il pût en résulter pour moi une
difficulté, ils obéirent : j'étais maître de mon gouvernail, de mon moteur et de mon propulseur,
libre de tourner et de revenir à l'endroit où se
tenait le jury ; ils s'en rendirent compte et me lais-
sèrent passer au-dessus des juges, sans songer à
saisir le guide-rope et à courir derrière lui, ce qu'il
leur eût été facile de faire... au risque de leurs
membres.

A Monaco également, lorsqu'un garage bien
compris eut été construit sur un emplacement qui
semblait idéal, on a vu, d'abord, de quel danger
furent pour moi la proximité de la digue et celle
du boulevard de La Condamine, avec ses mâts, ses
fils métalliques, sa grande circulation ; puis le
désastre final qu'occasionna le défaut d'un terrain
de pesage à côté de l'aérodrome. Ce sont de ces
désagréments contre lesquels on arrive à se mettre
en garde avec le temps, au prix d'une réelle et
souvent pénible expérience.

Pendant le printemps et l'été de 1902, je fis, en
Angleterre et aux États-Unis, un voyage dont
j'aurai à reparler plus loin. Rentré à Paris, je
me mis aussitôt en quête d'un emplacement où

me bâtir un aérodrome, dans la construction duquel je pusse mettre à profit l'expérience que j'avais chèrement acquise. J'étais cette fois résolu à m'assurer, aux alentours du garage, un espace libre suffisant. Par là, je réalisai, si je puis dire, la première des stations d'aéronefs de l'avenir.

Après de longues recherches, je finis par trouver, dans la rue de Longchamps, à Neuilly, un lot assez étendu de terrains disponibles, bordé d'un grand mur de pierres, et dépendant du Bois de Boulogne, bien que propriété privée. Je dus m'entendre d'abord avec le propriétaire, puis avec les autorités du Bois, et elles mirent du temps à m'accorder l'autorisation d'élever une construction

Le N° 7 entièrement gonflé.

aussi peu banale qu'un garage où des aéronefs
pussent prendre leur vol et s'en revenir.

La rue de Longchamps est une étroite rue
suburbaine, avec de rares bâtisses à celle de ses
extrémités qui donne sur le Bois, du côté de la
porte de Bagatelle, près des terrains d'entraînement du même nom. Les allées et venues de mes
aéronefs sont cependant gênées de ce côté par les
murs de plusieurs propriétés, les plantations touf-
fues qui bordent le Bois et les grandes portes du
Bois lui-même. A la gauche et à la droite de mon
garage s'élèvent d'autres constructions. Derrière
moi, j'ai le boulevard de la Seine, le fleuve et
l'île de Puteaux. C'est par là, nécessairement, que
s'en vont et que reviennent mes aéronefs. Je
pars de mes terrains, monte en diagonale, franchis mon mur, traverse le boulevard de la Seine
et tourne au-dessus du fleuve. Généralement, c'est
à gauche que je tourne, et, décrivant un grand arc
de cercle, je me dirige sur le Bois, par le terrain
d'entraînement, qui m'offre lui-même un beau
champ libre.

Telle que la voilà, installée chez elle, la première des stations d'aéronefs de l'avenir peut loger
sept aéronefs, tout gonflés, en état de partir au
premier signe. J'ai tâché qu'elle répondît à tous
les besoins. Et cependant, qu'elle est exiguë et
encombrée, si l'on songe à ce que seront les grandes

stations, luxueusement organisées, des temps à
venir, avec leurs hautes et spacieuses plates-formes
d'atterrissage, où les aéronefs viendront se poser
tranquillement et commodément, tels de grands
oiseaux cherchant leur nid sur des roches plates!
Des stations comme celles-là peuvent être en communication, de l'intérieur, avec les plates-formes
d'atterrissage, au moyen de wagonnets qui, rou-
lant sur de petites voies de fer, sans perte de
temps, sans l'aide d'une douzaine d'hommes pour
le moins, feront rentrer et sortir les aéronefs en
entraînant les guides-ropes. Leurs observatoires
seront utiles aux jurys pour contrôler les temps de
parcours dans les courses aériennes ; munis d'appa-
reils de télégraphie sans fils, ils pourront échanger
des communications à distance, peut-être avec les
aéronefs en marche. Chaque station, ayant son
générateur à gaz, pourra non pas vendre le gaz,
mais le louer au propriétaire d'aéronefs ; et celui-ci,
rentrant de voyage, n'aura à payer que la différence, c'est-à-dire la quantité de gaz que lui auront
fait perdre les condensations et dilatations succes-
sives. Chacune pourra avoir un atelier casematé
pour l'épreuve des moteurs. Elle aura certaine-
ment des chambres à coucher pour les expérimentateurs qui voudront partir de bon matin et profiter
du calme de l'aurore. Selon toute probabilité, elle
aura aussi des ateliers où réparer et changer les

enveloppes de ballons ; un atelier de charpenterie ;
un atelier de mécanique, avec des ouvriers exercés
et intelligents, capables de saisir une idée et de
l'exécuter. Sans doute, enfin, elle aura non seulement un bar et un café-restaurant pour les expérimentateurs et leurs hôtes, mais, encore, de grands
jardins latéraux, avec des kiosques à musique,
pour le jour où se disputeront en champ ouvert
devant elle de grands tournois aériens.

En attendant, ma station d'aéronefs actuelle a
l'aspect d'une grande tente carrée, rayée de blanc
et de rouge, et posée au milieu de terrains vagues
qu'entoure un grand mur de pierres. Cet aspect de
tente lui vient de ce qu'étant pressé d'en disposer,
je ne vis aucune raison ni de la construire, ni de la
couvrir en bois. Le cadre en est constitué par de
longues rangées de montants de bois parallèles ;
elle est recouverte d'une toile rayée, et cette même
toile en ferme les quatre côtés. Cela fait une construction plus solide qu'il n'y paraît au premier
abord, car la toile extérieure pèse environ 2.600
kilos, et des cordages métalliques la maintiennent
contre les montants.

A l'intérieur, les stalles centrales ont 9 mètres 50
de large, 50 mètres de long, 13 mètres 50 de haut.
Mes plus grands dirigeables peuvent s'y loger sans
danger de contact réciproque. Les portes roulantes
ne sont que la répétition de celles de Monaco.

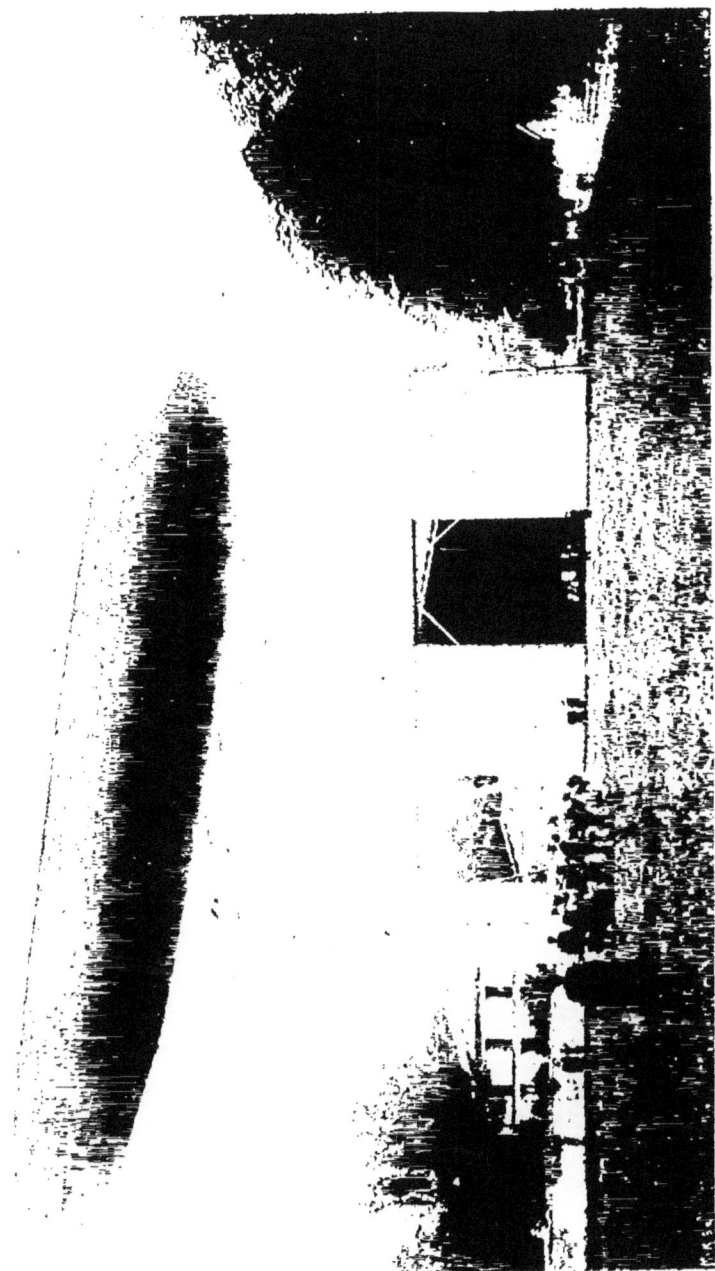

Le Santos-Dumont N° 10.

Lorsque, au printemps de 1903, je trouvai ma station terminée, j'avais trois aéronefs tout prêts à y prendre place.

C'étaient :

Mon N° 7. — Celui que j'appelle mon aéronef de course; car je le réserve pour les épreuves importantes, les seuls frais de son gonflement à l'hydrogène s'élevant à plus de 3.000 francs. Il est vrai qu'une fois rempli je puis le garder gonflé pendant un mois, avec une dépense quotidienne de 50 francs pour le remplacement de l'hydrogène que me fait perdre chaque jour le jeu des condensations et dilatations. Sa capacité en gaz, qui est de 1257 mètres cubes, lui donne deux fois la force ascensionnelle du N° 6, gagnant du prix Deutsch ; et tel est le poids nécessaire de son moteur de 60 chevaux, à 4 cylindres et à refroidissement d'eau, tel aussi le poids proportionnel de la machinerie, que je ne prendrai sans doute pas, avec ce modèle, plus de lest que je n'en prenais avec le N° 6.

En comparant leurs dimensions et leur force ascensionnelle, le N° 7 équivaut à cinq fois mon N° 9, véritable petite « balladeuse » aérienne que je décrirai au chapitre suivant.

Le troisième de mes nouveaux aéronefs est mon N° 10, qu'on a baptisé l'Omnibus. Il doit à sa capacité en gaz, qui atteint 2010 mètres cubes,

des dimensions et une force ascensionnelle plus
grandes que celles de mon N° 7 de course; et si, en
effet, il me prenait jamais envie d'y adapter la
quille de ce dernier, pourvue comme elle est d'un
moteur et d'une machinerie de course, je pourrais
combiner un aéronef à grande vitesse, capable de
me porter avec plusieurs aides, et de disposer en
même temps d'une grande provision de pétrole et
de lest, pour ne pas parler de munitions de guerre,
au cas où se présenterait subitement une nécessité
de cet ordre.

Le principal objet de mon N° 10, cependant, est
bien indiqué par son nom, l'*Omnibus*. Sa quille,
telle que je l'ai établie, est double : c'est-à-dire
qu'au-dessous de la quille ordinaire qui me porte
est suspendue une deuxième quille pour passagers, avec quatre nacelles dont une réservée à
mon aide. Chacune est assez large pour quatre
ou cinq passagers ; et c'est bien dans l'intention de les prendre qu'a été construit mon type
Omnibus.

Aussi bien, après mûre réflexion, je vois dans
ce modèle l'agent le plus propre à vulgariser pratiquement et rapidement la navigation aérienne.
Mes autres aéronefs ont fait la preuve qu'il est
possible de s'élever dans l'air, d'y voyager sur un
parcours donné, sans aucun danger plus grave que
ceux où l'on s'expose avec n'importe quel automo-

bile de course. L'*Omnibus* démontrera qu'il y a un grand nombre d'hommes — et de femmes — assez confiants dans l'idée aérienne pour s'élever avec moi, comme passagers, dans le premier des omnibus aériens de l'avenir.

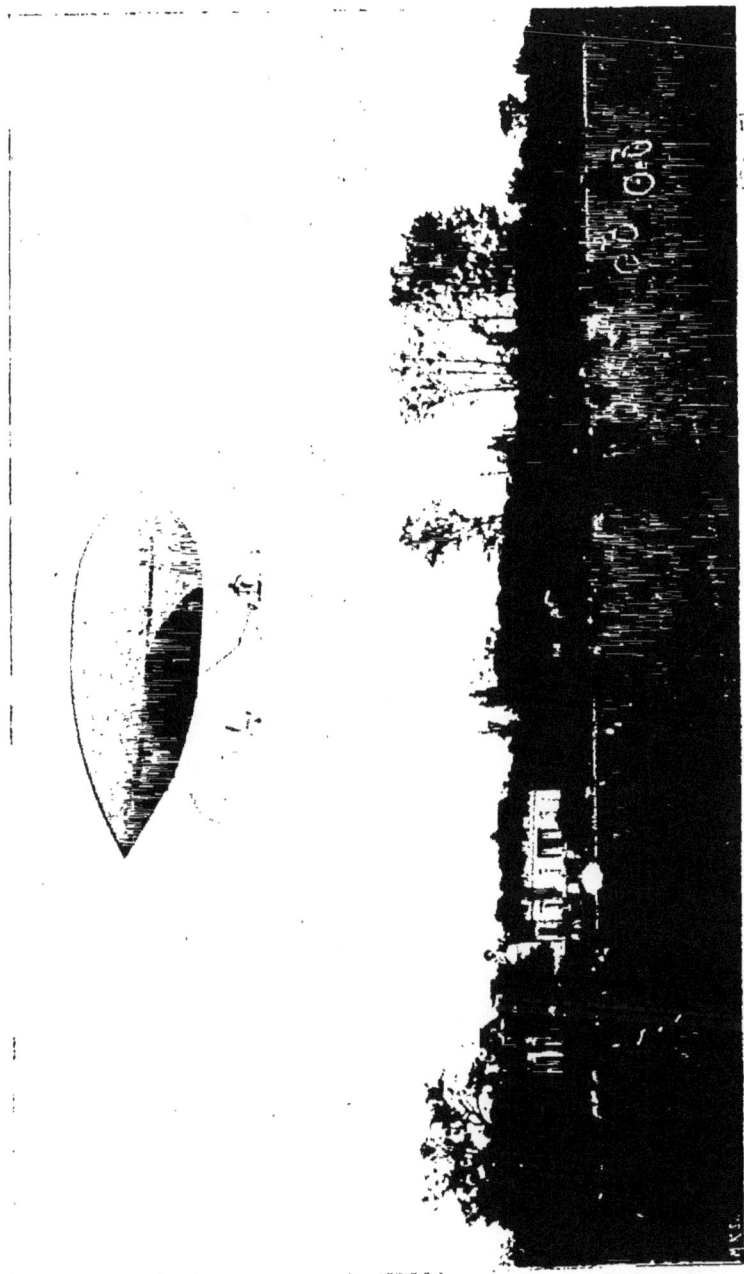

Le N° 9. La « Balladeuse » aérienne.

CHAPITRE XXII

MON Nº 9, LA "BALLADEUSE" AÉRIENNE

Je fus conquis d'emblée par les automobiles à grande puissance marchant au pétrole ; ils pouvaient parcourir, à la vitesse d'un train express, n'importe quelle partie de l'Europe et trouver du combustible en n'importe quel village ! « Je puis aller à Moscou ou à Lisbonne ! » me dis-je. Mais quand je découvris que je ne désirais aller ni à Moscou ni à Lisbonne, je me trouvai fort satisfait du petit modèle électrique très maniable avec lequel je me promène dans Paris et au Bois.

Au point de vue de mon plaisir et de mes commodités parisiennes, le cas, en matière d'aéronef, s'est présenté pour moi de façon analogue. Une fois terminé le ballon de mon Nº 7 et son moteur de 60 chevaux, je me dis : « Quelque aéronef qu'on puisse vraisemblablement m'opposer, me voici prêt

pour la lutte ». Mais quand je vis que, malgré les
fonds que j'avais versés à la caisse de l'Aéro-Club,
personne n'était prêt à courir contre moi, je me décidai à construire un aéronef de promenade, pour
mon simple agrément et mes seules convenances.
Je lui consacrerais mes loisirs, en attendant que
l'avenir suscitât à mon aéronef de course des
rivaux dignes de lui.

C'est ainsi que je construisis mon N° 9, le plus
petit des dirigeables possibles, encore que très pratique. Dans le principe, la capacité de son ballon
n'étant que de 220 mètres cubes, je ne pouvais
emporter qu'une quantité de lest inférieure à
30 kilos. Ce fut dans ces conditions que je le montai, sans inconvénient, pendant des semaines.
Même quand j'eus porté la capacité de son ballon
à 261 mètres cubes, il restait encore que le ballon
de mon N° 6, gagnant du prix Deutsch, cubait presque trois fois ce chiffre, et que le ballon de mon
Omnibus était, largement, huit fois plus grand.

Comme je l'ai dit, son moteur Clément, de la
force de trois chevaux, ne pèse que 12 kilos. D'un
pareil moteur on ne peut attendre une grande
vitesse : mon vaillant petit « balladeur » ne me
porte pas moins sur le Bois à une vitesse de 20 à
30 kilomètres par heure, nonobstant sa forme
ovale (fig. 13, page 301), qui ne semblerait guère
le prédisposer à fendre l'air.

Le Nº 2. Ses proportions relatives.

De fait, pour qu'il réponde vivement au gouvernail, je le conduis en mettant à l'avant sa grosse pointe.

J'ai dit qu'avec les proportions que je lui donnai

Fig. 13.

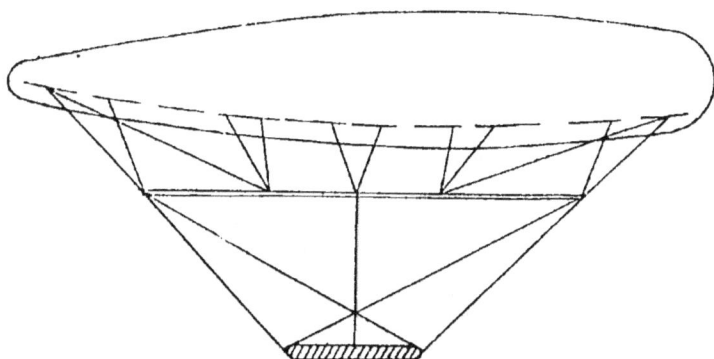

dans le principe, son ballon, qui en faisait le plus petit des dirigeables, ne me permettait de prendre en lest qu'une quantité inférieure à 30 kilos. Aujourd'hui, agrandi, il possède une force ascensionnelle plus grande ; mais avec mon poids personnel, et ce que pèsent la quille, le moteur, l'hélice et la machinerie, l'aéronef se trouve n'être, tout compte fait et chargé de 60 kilos de lest, ni plus léger ni plus lourd que l'air ambiant. C'est justement cette particularité qui m'aidera le mieux à expliquer pourquoi j'ai qualifié de très pratique ce petit modèle. Le lundi 29 juin 1903, j'atterrissais avec lui au milieu de six ballons sphériques gon-

26

flés, sur les terrains de l'Aéro-Club, à Saint-Cloud. Je n'y fis d'ailleurs qu'une courte visite, et m'apprêtai à repartir.

— Ne voulez-vous pas que nous vous donnions un peu de gaz? me demandèrent aimablement mes collègues du Club.

— Vous m'avez vu venir depuis Neuilly, répliquai-je... ai-je jeté du lest?

— Pas du tout, reconnurent-ils.

— Alors, pourquoi aurais-je besoin de gaz?

A titre de curiosité scientifique, je puis dire que je ne perdis ou ne sacrifiai, de tout l'après-midi, ni un mètre cube de gaz ni un kilo de lest; et ce n'a nullement été là une expérience exceptionnelle, pas plus avec le très pratique petit N° 9 qu'avec ses prédécesseurs.

On se souviendra que, le lendemain du jour où je gagnai le prix Deutsch, mon chef mécanicien constata que le ballon de mon N° 6 avait si peu perdu de son gaz qu'il n'en pouvait plus prendre.

Après avoir quitté mes collègues du Club à Saint-Cloud, je fis une promenade d'une réelle signification pratique. Pour aller de Neuilly-Saint-James aux terrains de l'Aéro-Club, j'avais déjà traversé la Seine. Je la traversai de nouveau et m'arrêtai, pour m'y rafraîchir, au restaurant de la Cascade. Il était cinq heures. Ne voulant pas revenir sitôt à ma station, je franchis la Seine une

troisième fois, gouvernai tout droit sur le Mont-
Valérien, m'approchai du grand fort autant que la
discrétion pouvait me le permettre, fis demi-tour,
repassai le fleuve, et descendis enfin sur mes terrains, à Neuilly.

Pas un instant, au cours de cette sortie, je

Le N° 9. Sortie du hangar.

n'avais dépassé l'altitude de 105 mètres. Etant
donné que mon guide-rope pend à 40 mètres sous
moi et que le Bois élève à 20 mètres au-dessus du
sol les cimes de ses arbres, il ne me restait donc
que 40 mètres d'espace franc pour manœuvrer en
verticale.

C'était autant qu'il m'en fallait : et la preuve en

est que je ne m'élève jamais davantage dans ces
promenades d'agrément et d'expérience. Quand
j'entends parler de dirigeable s'élevant, sans raison
spéciale, à 400 mètres, je suis saisi d'étonnement.
La place d'un dirigeable — j'ai déjà eu l'occasion
de m'expliquer sur ce point — est dans les basses
altitudes; et l'idéal est de guide-roper sur une
ligne assez basse pour que l'on soit dispensé de
manœuvrer en verticale. C'est à quoi faisait allusion M. Armengaud jeune, dans le savant discours
d'inauguration qu'il prononça, en 1901, devant la
Société Française de Navigation Aérienne, lorsqu'il
me conseillait d'abandonner la Méditerranée pour
aller guide-roper sur de grandes plaines comme
celles de la Beauce.

Il n'est pas besoin d'aller sur les plaines de la
Beauce. On peut guide-roper au centre même de
Paris, si l'on sait choisir son heure. Je l'ai fait.

J'ai guide-ropé autour de l'Arc-de-Triomphe et
le long de l'avenue des Champs-Elysées, à une
altitude plus basse que les lignes parallèles de
toitures, sans craindre aucun mal, sans éprouver
aucune difficulté. Je me livrai pour la première fois
à une expérience de ce genre le mardi 23 juin 1903,
en cherchant, pour la première fois, à atterrir avec
mon N° 9 devant la porte de mon domicile, au
coin de l'avenue des Champs-Elysées et de la rue
Washington.

La chose devant naturellement se passer à une
heure où la magnifique avenue n'aurait pas son
grouillement ordinaire, j'avais envoyé mes hommes
se reposer une partie de la nuit à la station de
Neuilly-Saint-James, où je trouverais mon N° 9 en
état de partir à l'aube. Je me levai moi-même à
2 heures du matin. Ma commode voiturette électrique me porta à la station. Quand j'arrivai, la nuit
était encore noire, mes hommes dormaient. J'entrai, je les éveillai, je fis diligence, si bien que je pus
m'élever de terre, franchir le mur, passer le fleuve,
avant que le jour eût paru. Je tournai à gauche,
dans la direction du Bois, en quête d'espace libre
où guide-roper tout à l'aise. Quand je rencontrais
des arbres, je « bondissais » au-dessus d'eux. Ainsi
naviguant, dans la délicieuse fraîcheur de l'aurore, j'atteignis la porte Dauphine et l'entrée de
la grande avenue du Bois de Boulogne qui mène
directement à l'Arc-de-Triomphe. Ce rendez-vous
des attelages du Tout-Paris offrait, pour le moment, l'aspect d'un désert.

— Je guide-roperai sur l'Avenue du Bois, me
dis-je, ravi d'aise.

On comprendra ce que cela signifie si l'on se
rappelle que la longueur de mon guide-rope est d'à
peine 40 mètres, et que l'on guide-rope mieux avec
15 mètres au moins de cette longueur traînant
sur le sol. Il me fallut descendre aussi bas que

26.

le niveau des lignes de toits sur les deux côtés de
l'avenue; et c'est ce que j'appelle faire, en aéronef,
de la navigation pratique, parce que :

a) Elle permet au navigateur aérien de diriger
sans tangage, et ne lui demande ni peine ni effort
pour garder son altitude ;

b) Elle n'expose à aucun danger de chute ni le
navigateur ni l'aéronef, considération qui a son
importance si l'on songe au prix des réparations et
à celui du gaz hydrogène ;

c) Quand le vent est contraire, comme il l'était
pour moi en cette occasion, son influence est moins
sensible à ces basses altitudes.

Je guide-ropai donc sur l'Avenue du Bois. Ainsi,
quelque jour, des explorateurs guide-roperont vers
le Pôle Nord. Ils auront conduit leurs steamers
jusqu'à l'extrémité praticable des mers septentrio-
nales ; et les ayant abandonnés parmi les glaces
qui les bloquent, ils feront, en guide-ropant, à
une vitesse de 60 à 80 kilomètres par heure, les
quelques centaines de milles qui les séparent
du Pôle. Et voyage au Pôle, retour au navire,
tout cela, même si la vitesse n'est que de 50 kilomètre, ils pourront l'effectuer dans l'intervalle d'un
déjeuner à un dîner. Non pas que je prétende qu'à
leur première ascension il doivent atterrir au Pôle ;
mais ils tourneront à l'entour, enregistreront des

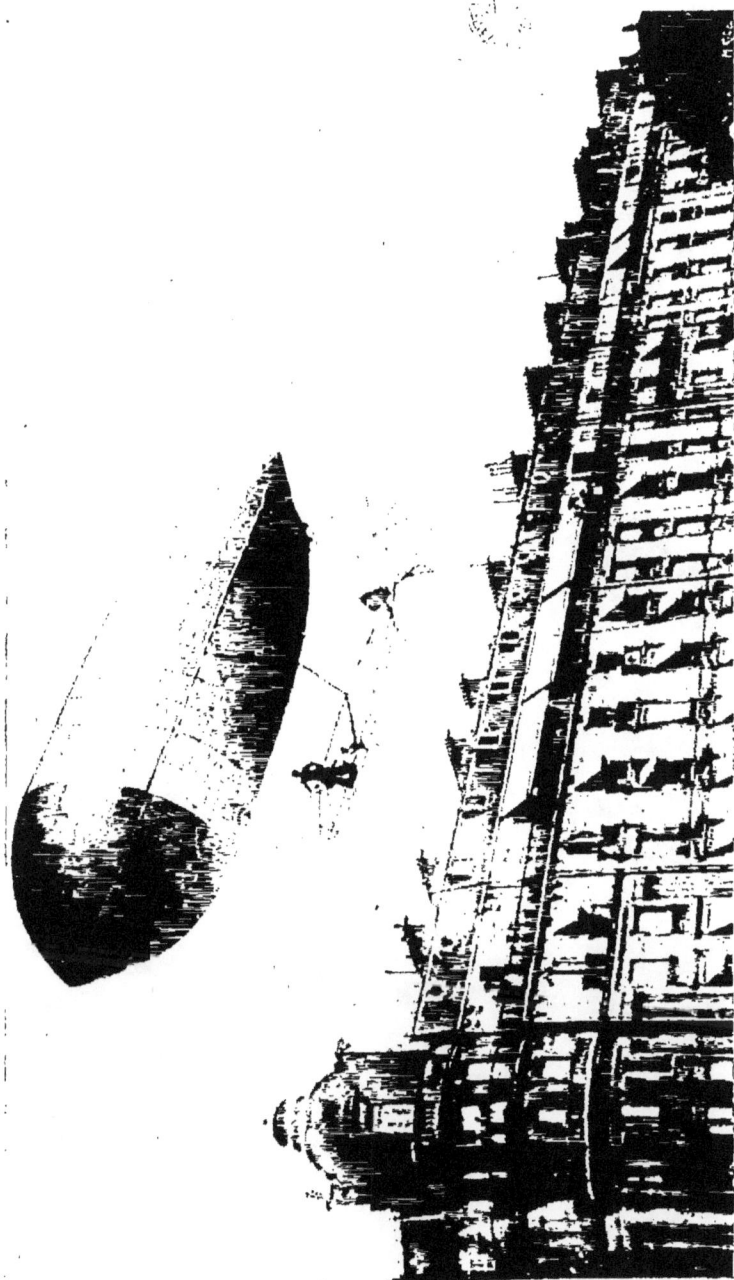

Le N° 9 au niveau des toits.

observations, et seront rentrés le soir pour se
mettre à table.

J'aurais pu guide-roper sous l'Arc-de-Triomphe
si je m'en étais cru digne. Je n'en fis rien, et pris
la droite du monument, comme les règlements
l'exigent. J'avais, bien entendu, l'intention de descendre tout droit les Champs-Elysées. Mais ici une
difficulté se présenta. De l'aéronef, toutes les
avenues qui se croisent à l'Étoile se ressemblent.
Toutes paraissent étroites. Il y eut là, pour moi,
une surprise, une minute de confusion ; et ce ne
fut qu'en regardant derrière moi pour consulter
l'Arc-de-Triomphe que je trouvai mon avenue.

Comme celle du Bois, elle était déserte. Un
fiacre solitaire passait, très loin. Tandis que je la
descendais, guide-ropant, dans la direction de mon
domicile, à l'angle de la rue de Washington, je
pensais au jour, qui viendra sans aucun doute, où
l'on aura de petits aéronefs très maniables, et où
leurs propriétaires ne seront pas obligés d'atterrir
sur la voie publique, mais feront saisir leurs guides-
ropes par leurs gens, sur leurs terrasses mêmes, —
de vastes terrasses, dont rien ne devra gêner les
abords.

Je venais d'atteindre l'angle de ma rue. J'inclinai
dans sa direction et, doucement, je me mis à
descendre. Deux aides attirèrent l'aéronef, l'assu-
rèrent, le maintinrent en place, cependant que je

montais chez moi prendre une tasse de café. De
la baie arrondie de ma fenêtre, je regardais au-
dessous de moi l'aéronef. Que la Ville m'y auto-
risât et, dans le prolongement de cette fenêtre, je
ferais construire, pour mes atterrissages, une plate-
forme ornementale.

Les projets de ce genre, l'avenir les réalisera.
En attendant, l'idée aérienne est en marche. Un
enfant de sept ans est monté avec moi dans le N° 9;
une charmante jeune fille l'a littéralement dirigé
toute seule, sur un parcours d'environ un mille.
L'enfant était le petit Clarkson Potter, qui fera
sûrement un capitaine d'aéronef s'il tourne de ce
côté son intelligence. Le 26 juin 1903, une fête
d'enfants se donnait à Bagatelle. Je descendis avec
mon N° 9, au milieu de ce petit monde, et je
demandai :

— Y a-t-il un petit garçon qui veuille monter
avec moi?

Tel fut le courage confiant de la jeune France et
de la jeune Amérique que j'eus immédiatement à
choisir entre une douzaine de volontaires. J'em-
menai le plus proche.

— N'avez-vous pas peur? demandai-je à Clarkson Potter au moment où l'aéronef s'élevait?

— Pas un brin ! me répondit-il. J'abrégeai naturellement la promenade. Et quant à l'autre circonstance, celle où la première femme qui jamais, avec

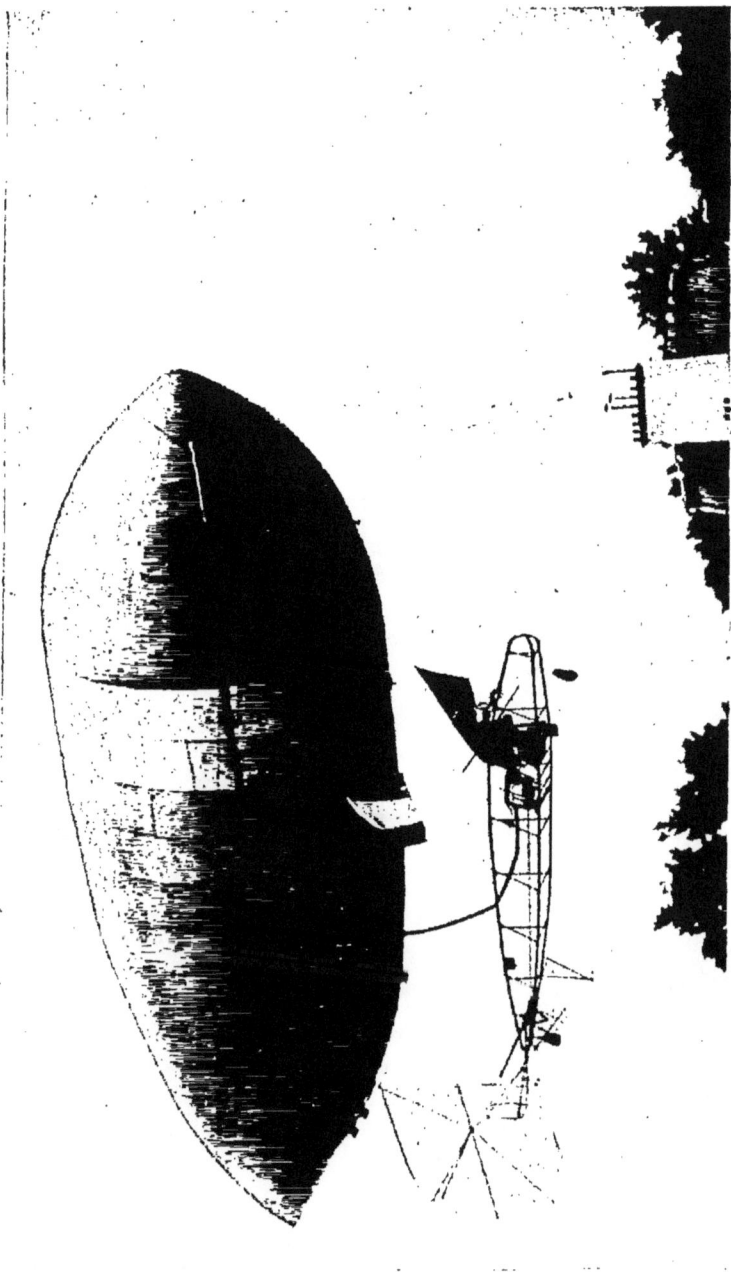

Le N° 9 en promenade.

ou sans compagnon, fût montée en aéronef, monta
seule et dirigea mon N° 9 sur une distance de plus
d'un kilomètre, elle mérite d'être conservée dans
les annales de la navigation aérienne.

L'héroïne, une jeune et très jolie Cubaine, fort
répandue dans la société de New-York, était venue,
à diverses reprises, visiter ma station avec des
amis. Elle m'avoua un désir extraordinaire de
diriger seule l'aéronef.

— Vous voulez dire, expliquai-je, que vous
auriez le courage de vous laisser emmener en ballon
libre et sans que personne retînt le guide-rope?
Mademoiselle, je vous remercie de votre confiance.

Mais elle :

— Il ne s'agit pas du tout de me laisser emmener.
Je désire m'élever seule et diriger librement, comme
vous.

Le simple fait que je consentis, à la condition
qu'elle prendrait quelques leçons pour la manœuvre
du moteur et de la machinerie, dit assez éloquem-
ment, je suppose, ma confiance dans le N° 9. Je
lui donnai trois leçons; après quoi, à la date
du 29 juin 1903, qui restera mémorable dans les
annales de l'aérostation navigable, ma jeune aéronaute, s'élevant des terrains de ma station sur le
plus petit des dirigeables possibles, cria : « Lâchez
tout! »

De Neuilly-Saint-James, elle guide-ropa vers

27

Bagatelle. Le guide-rope, traînant à terre sur une dizaine de mètres, lui donna une altitude et un équilibre qui ne varièrent pas. Je ne prétendrai pas qu'il n'y eut personne pour suivre à la course la traînée du guide-rope ; mais il est certain que personne n'y toucha jusqu'au moment où, son parcours terminé à Bagatelle, l'intrépide jeune « navigatrice » reprit pied sur le sol.

CHAPITRE XXIII

L'AÉRONEF EN TEMPS DE GUERRE

Le samedi 11 juillet 1903, à 10 heures du matin, le vent soufflant par rafales, je tins le pari d'aller, avec mon petit N° 9, déjeuner au restaurant champêtre de la Cascade. Bien que le N° 9, avec son ballon ovale et son moteur de trois chevaux, n'ait pas été construit pour faire de la vitesse — ou, ce qui revient au même, pour lutter avec le vent, — je pensai que la chose ne lui serait cependant pas impossible. Rendu à 11 heures du matin à ma station de Neuilly-Saint-James, je fis sortir, peser et équilibrer soigneusement le petit aéronef. Il était en parfait état et n'avait pas perdu une parcelle de son gaz depuis la veille. A 11 h. 50, j'embarquai. Heureusement, j'avais vent debout en me dirigeant sur la Cascade. Ma marche ne fut pas rapide ; mais, à midi 30, j'avais tout de même rejoint mes amis sur la pelouse du fameux restaurant du Bois de Boulogne.

Comme chacun sait, le restaurant de la Cascade est proche de Longchamps. Tandis que nous déjeunions, des officiers supérieurs de l'armée française, occupés à marquer l'emplacement des troupes pour la grande revue du 14 juillet, aperçurent l'aéronef sur la pelouse et, s'étant avancés, l'examinèrent.

— Le mènerez-vous à la revue? me demandèrent-ils. Déjà, l'année précédente, il avait été question d'une démonstration de ce genre en présence de l'armée. J'hésitais, pour des raisons que l'on devine. Après la visite du roi d'Angleterre, on voulait savoir pourquoi mon aéronef ne s'était pas produit en son honneur; on m'interrogea de même sur mes intentions avant la venue du roi d'Italie, dont on espérait la présence à cette revue du 14.

Je répondis aux officiers que je ne pouvais songer à ce dont ils me parlaient, que j'ignorais comment cette manifestation serait prise, et qu'en outre mon petit N° 9 — le seul aéronef de ma flottille réellement en service — n'étant pas fait pour lutter contre de grands vents, je n'avais, avec lui, aucune certitude de tenir une promesse.

— Venez donc, insistèrent-ils, et choisissez-vous un emplacement pour l'atterrissage. Nous vous le réserverons de toute manière.

Comme je continuais d'invoquer le peu de cer-

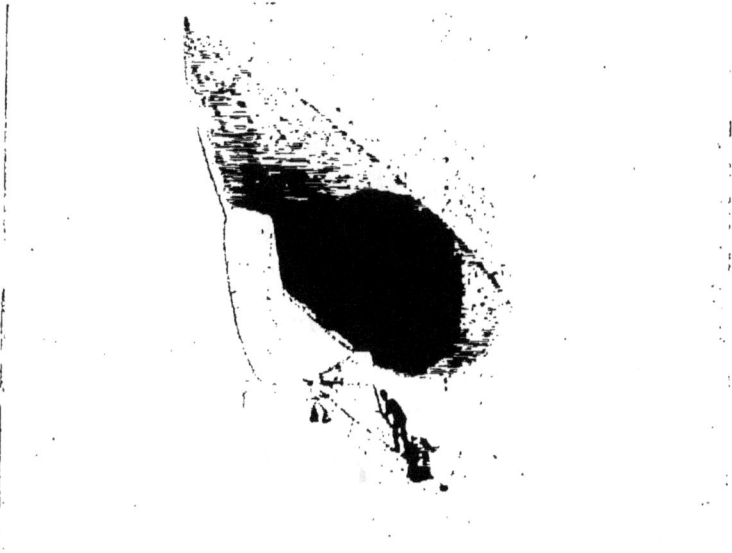

Le N° 9. En l'air.

titude où j'étais de pouvoir me rendre à leur invitation, ils me choisirent et me marquèrent eux-mêmes une place, en face de celle que devait occuper le Président de la République, afin que M. Loubet et son entourage pussent suivre parfaitement les évolutions de l'aéronef.

— Vous viendrez si vous le pouvez, ajoutèrent les officiers. Ne craignez pas de prendre un engagement conditionnel, vous avez fait vos preuves.

J'espère qu'on ne se méprendra pas sur le sens de mes paroles si je dis que ces officiers firent, sans doute, ce matin-là, de bonne besogne pour leur armée et leur pays. Il faut un commencement à

27.

toute chose. Et je ne me serais guère risqué à la
revue sans en être ainsi prié.

Je m'y risquai, et toute une série de conséquences suivit cette démarche.

De bon matin, le 14 juillet 1903, on pesa et
équilibra le N° 9. J'étais nerveux, comme s'il eût
dû m'arriver quelque accident imprévu sur mes
terrains mêmes. On est souvent ainsi dans les
grandes circonstances. Et je ne cherchais pas à me
dissimuler que celle-ci, où un aéronef allait être
présenté pour la première fois à une armée, devait
être une grande circonstance.

Les jours ordinaires, je n'hésite jamais à m'élever de mes terrains en franchissant le mur de
pierre et le fleuve, et à gagner ainsi Bagatelle. Ce
matin-là je fis, jusqu'à la grille de Bagatelle, remorquer le N° 9 au moyen de son guide-rope.

Il était 8 heures 30 quand je criai : « Lâchez
tout! » Je pris l'horizontale à une altitude de
100 mètres. Durant quelques instants, je décrivis
des cercles et manœuvrai au-dessus des corps
de troupes les plus rapprochés. Puis, je passai au-
dessus de Longchamps, et quand j'arrivai en face
du Président de la République je tirai à blanc
vingt et un coups de revolver.

Je n'allai pas prendre la place qui m'était réservée. Craignant de troubler le bon ordre de la
revue par la prolongation d'un spectacle insolite,

je ne mis pas dix minutes à faire toutes mes
évolutions devant l'armée. Je me rendis ensuite
sur les terrains du Polo, où bon nombre d'amis
m'adressèrent des compliments.

Ces compliments, j'en retrouvai l'écho, le lende-

M. SANTOS-DUMONT quitte le panier.

main, dans la presse, avec toutes sortes d'hypothèses
sur l'emploi des aréonefs en campagne. Les officiers supérieurs qui, le matin dont j'ai parlé,
étaient venus me voir à la Cascade, m'avaient dit :
« Votre aéronef est un instrument pratique, dont
il faudra tenir compte en temps de guerre ». —
« Je suis entièrement à votre service », avais-je

alors répondu. Cette fois, sous l'influence des faits, je m'assis à ma table de travail, et dans une lettre au ministre de la Guerre je mis à la disposition du gouvernement de la République, en cas d'hostilités avec un pays quelconque autre que les pays des deux Amériques, ma flottille aérienne. En agissant ainsi, je ne faisais que donner une formule écrite à ce que j'eusse considéré comme un devoir si les circonstances prévues par ma lettre s'étaient jamais produites durant mon séjour en France. C'est en France que j'ai trouvé tous les encouragements ; c'est en France et avec du matériel français que j'ai fait toutes mes expériences ; et la plupart de mes amis sont Français. J'exceptai les deux Amériques parce que je suis Américain ; j'ajoutai que, dans le cas impossible d'une guerre entre la France et le Brésil, je me croirais tenu d'offrir mes services au pays qui m'a donné le jour et dont je suis citoyen.

Quelques jours plus tard, je recevais la lettre suivante :

MINISTÈRE DE LA GUERRE

CABINET DU MINISTRE

Paris, le 19 juillet 1903.

« Monsieur,

« Au cours de la revue du 14 Juillet, j'avais remarqué et admiré la facilité et la sûreté avec lesquelles évoluait le ballon que vous dirigiez. Il était impossible de ne pas constater les progrès dont vous avez doté la navigation aérienne. Il semble que, grâce à vous, elle doive se prêter désormais à des applications pratiques, surtout au point de vue militaire.

« J'estime qu'à cet égard elle peut rendre des services très sérieux en temps de guerre. Je suis donc très heureux d'accepter l'offre que vous me faites de mettre, en cas de besoin, votre flottille aérienne à la disposition du gouvernement de la République, et, en son nom, je vous remercie, monsieur, de votre gracieuse proposition qui témoigne de votre vive sympathie pour la France.

« J'ai désigné M. le chef de bataillon Hirschauer, commandant le bataillon aérostier au 1er régiment du génie, pour examiner, de concert avec vous, les dispositions à prendre pour mettre à exécution les intentions que vous m'avez manifestées. M. le lieutenant-colonel Bourdeaux, sous-chef de mon cabinet, se joindra d'ailleurs à cet officier supérieur, afin de me tenir personnellement au courant des résultats de votre collaboration.

« Recevez, monsieur, les assurances de ma considération la plus distinguée.

« Général ANDRÉ.

« *A Monsieur Alberto Santos-Dumont.* »

Le vendredi 31 juillet 1903, M. le commandant Hirschauer et M. le lieutenant-colonel Bourdeaux vinrent passer l'après-midi en ma compagnie à la station de Neuilly-Saint-James, où j'avais, tout prêts à leur être soumis, mes trois aéronefs du plus récent modèle, le N° 7 de course, le N° 10 « Omnibus » et le N° 9 de promenade. Je puis dire d'un mot que l'opinion que m'exprimèrent les délégués du ministre fut favorable sans réserves, à telles enseignes que nous décidâmes une expérience pratique d'un caractère nouveau. L'aéronef, s'il s'en tirait à son avantage, attesterait de façon concluante sa valeur militaire.

Je cesse d'être, ici, sur un domaine absolument privé, et, de l'expérience projetée, je ne dirai pas plus que n'en a déjà fait connaître la presse française. Elle consistera sans doute à pénétrer avec l'aéronef dans une des villes de la frontière française, Nancy ou Belfort par exemple, le jour même où il aura quitté Paris. Bien entendu, rien n'oblige à ce que tout le trajet s'effectue par la voie aérienne. Un wagon d'un train militaire pourra être chargé de transporter l'aéronef, avec son ballon dégonflé, les tubes d'hydrogène, la machinerie, les outils nécessaires. A une station peu éloignée de la ville où il s'agit d'entrer, le wagon sera détaché du train ; des soldats qui accompagneront les officiers, et qui devront être en assez grand nombre, déchargeront l'aéronef et son matériel, conduiront le tout jusqu'au plus prochain endroit qui leur offre un espace libre, et commenceront immédiatement à gonfler le ballon. Deux heures après qu'il aura quitté le train militaire, l'aéronef peut être en état de prendre son vol à destination de la ville théoriquement assiégée.

Telles sont les grandes lignes d'un programme, que recommandent impérieusement à l'attention des aéronautes français les événements de 1870-71. Tout le dévouement, toute la science des frères Tissandier y échouèrent. Il semble qu'aujourd'hui le problème se pose dans des conditions meilleures. Les difficultés essentielles en peuvent être repré-

Le N° 9. Entre amis.

sentées par le tracé d'une zone hostile autour de la
ville désignée pour l'expérience; l'aéronef s'élèvera
hors des limites extérieures de cette zone; et il
devra la franchir.

Pourra-t-il s'élever assez haut pour échapper à la
portée des balles? J'ai toujours, moi le premier,
insisté sur ce fait que la place normale d'un aéronef est dans les basses altitudes; et il servira de
peu que j'aie écrit cet ouvrage si je n'y ai démontré
les dangers d'une brusque montée verticale à une
hauteur considérable; le terrible exemple de Severo
ne nous édifie que trop bien à cet endroit. J'ai dit
en particulier mon étonnement lorsque j'entends
parler d'expérimentateurs qui, à leurs premiers
essais de dirigeables, et sans motif déterminant,
vont tout de suite chercher les grandes altitudes.
Mais je n'ai jamais visé le cas d'une montée rationnelle et circonspecte, dont on a prévu la nécessité,
et à laquelle on s'est préparé d'avance.

Pour se maintenir hors de portée des balles,
l'aéronef n'aura que rarement à faire de ces bonds
verticaux si redoutables. Même à une altitude modérée, le navigateur aérien jouira d'une vue très
étendue sur le pays à l'entour. Le danger lui appa-
raîtra de loin et il pourra prendre ses mesures.
Bien qu'il n'emporte que 60 kilos de lest, mon petit
N° 9 est, grâce à ses poids déplaçables, tout aussi
maître qu'un autre de s'élever à de grandes hau-

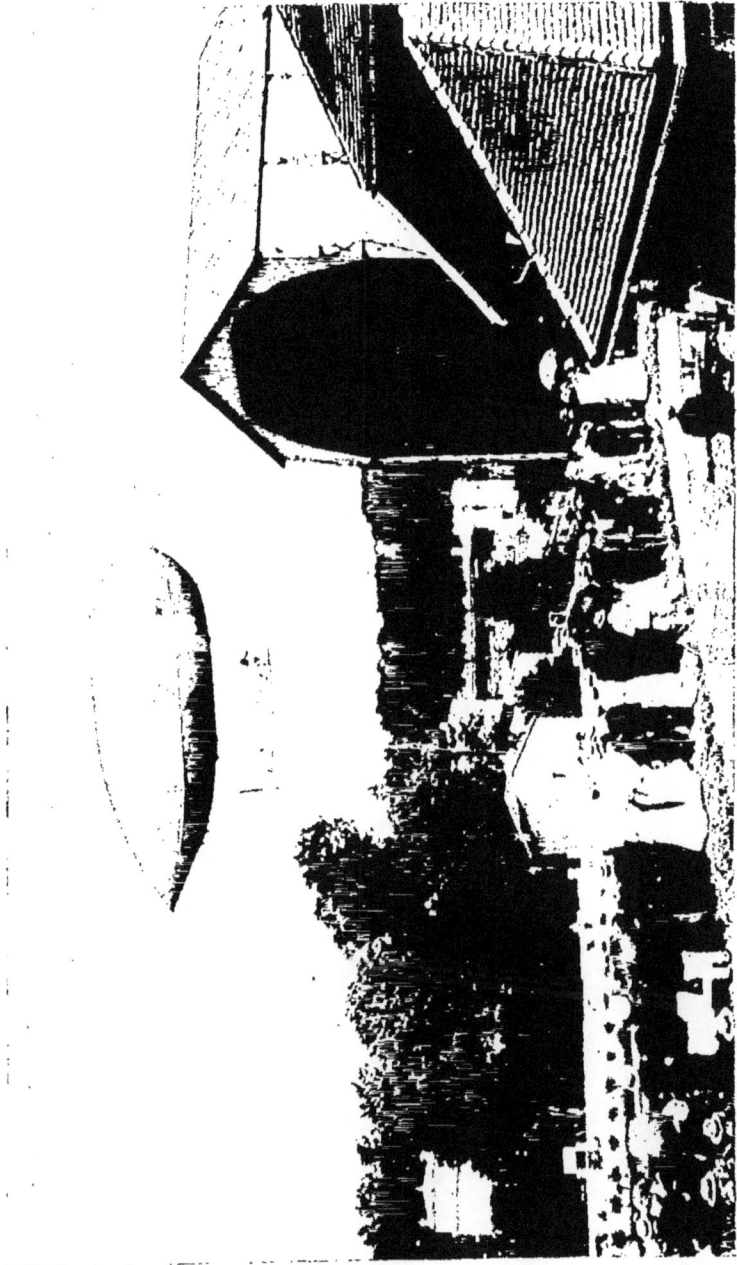

Retour du N° 9 au garage.

teurs. Si je ne le lui ai jamais demandé, c'est
que, naviguant pour mon agrément, je n'y voyais
aucune utilité pratique. Cela n'eût fait qu'ajouter
du danger à des expériences d'où je voulais exclure
tout danger. Des dangers comme celui que je dé-
nonce ne doivent être acceptés qu'autant qu'une
bonne raison les justifie.

Les expériences dont je viens de parler n'inté-
ressent que la guerre terrestre. Je ne puis tou-
tefois abandonner ce sujet sans faire allusion à un
avantage maritime unique de l'aéronef : je veux dire
la faculté que possède le navigateur aérien d'apercevoir les corps en mouvement sous la surface des
eaux. Croisant à bout de guide-rope sur la mer et
se maintenant à la hauteur qui lui paraît convenable, l'aéronef promène librement en tous sens
le navigateur. Cependant, le sous-marin qui pour-
suit sa course furtive sous les vagues est parfaitement visible pour lui, quand, du pont d'un navire
de guerre, il reste absolument invisible. C'est un
fait d'observation et qui tient à certaines lois de
l'optique. Ainsi, chose vraiment curieuse, l'aéronef
du xxe siècle peut devenir, à son début, le grand
ennemi de cette autre merveille du xxe siècle, le
sous-marin ! Car tandis que le sous-marin est im-
puissant contre l'aéronef, celui-ci, animé d'une
vitesse double, peut croiser à sa recherche, suivre
tous ses mouvements, les signaler aux navires qu'il

menace. Et enfin, rien n'empêche l'aéronef de détruire le sous-marin en dirigeant contre lui de longs projectiles chargés de dynamite et capables de pénétrer sous les vagues à des profondeurs où l'artillerie ne peut atteindre du pont d'un cuirassé.

CHAPITRE XXIV

PARIS, CENTRE D'EXPÉRIENCES AÉRONAUTIQUES

Quand j'eus quitté Monte-Carlo, en février 1902, il m'arriva, de plusieurs points de l'étranger, des invitations à aller produire mes aéronefs. Je reçus en particulier, à Londres, un accueil très cordial de l'Aéro-Club de la Grande-Bretagne, sous les auspices duquel mon N° 6, repêché au fond de la baie de Monaco et remis en état, fut exposé au Crystal Palace.

Vers le même temps, à Saint-Louis, s'organisait pour 1904 une Exposition Universelle. Il était décidé que des courses d'aéronefs en seraient l'une des attractions caractéristiques. Je fus prié d'aller inspecter les terrains, fournir les données d'une course et conférer sur les conditions avec les organisateurs. Un crédit de 200.000 dollars était affecté aux prix ; on annonçait officiellement le

28.

vote de cette somme : il y avait lieu de croire que l'émulation des chercheurs en serait fortement stimulée.

J'arrivai à Saint-Louis dans l'été de 1902, et, de prime abord, je me rendis compte que les magnifiques étendues libres des terrains de l'Exposition constituaient le plus parfait des champs de courses.

L'idée qui prévalait à ce moment dans quelques esprits, c'était que la course s'effectuât sur un trajet de plusieurs centaines de milles : par exemple de Saint-Louis à Chicago. J'observai que ce serait peu pratique, par la raison bien simple que le public de l'Exposition tiendrait à suivre les péripéties de la course depuis le départ jusqu'à l'arrivée. Mais, en même temps, j'émis l'idée que, sur les terrains dont on disposait, et aux trois sommets d'un triangle équilatéral, l'on construisît trois tours ou trois mâts à signaux. La course aurait lieu dans ce périmètre. Un parcours relativement réduit de 15 à 20 milles suffirait à fournir, quel que fût le vent, un témoignage décisif de la dirigeabilité; quant à la vitesse, la moyenne obligatoire pourrait être de 50 p. 100 supérieure à celle qui fut imposée à Paris dans l'épreuve du prix Deutsch.

Tel fut mon humble avis. J'estimai de plus que des 200.000 dollars à répartir, il pourrait

en être affecté 100.000 à la création d'un Grand
Prix d'Aérostation Dirigeable. C'était, me sem-
blait-il, le seul encouragement de nature à pro-
voquer entre les expérimentateurs l'émulation
nécessaire.

Je n'ai jamais cherché à tirer profit de mes
aéronefs; mais je me suis toujours offert à con-
courir pour des prix. Durant mes séjours à Londres
et à New-York, avant ma visite à Saint-Louis et
après cette visite, il me fut donné à entendre que
des concours s'organisaient, que des prix se créaient,
que je pouvais prendre immédiatement mes mesures. Je promis ma participation, bien plus, je
transportai mes aéronefs sur place, ce qui m'occasionna des frais et des fatigues. Si les fonds avaient
été versés, j'aurais fait de mon mieux pour les
gagner. Les fonds se dérobèrent : j'en fus quitte
chaque fois pour rentrer à Paris et — en attendant le grand concours de Saint-Louis — me
remettre à l'œuvre chez moi, avec mes propres
ressources.

Qu'il s'agisse ou non de prix à gagner, il faut
que je travaille. Je me suis adonné à ce genre
d'aérostation; je ne m'arrêterai pas d'y exercer mon
activité. Pour cela, ma place est à Paris. Le public
de Paris, en particulier le public populaire, est
aimable et enthousiaste; il me connaît, il a confiance en moi. J'y fais, pour mon plaisir, des

ascensions quand bon me semble : c'est la récompense de mes longues et onéreuses recherches.

Tout change si je vais en Angleterre ou en Amérique. Je veux bien transporter dans l'un ou l'autre
pays mes aéronefs, mon personnel, mon appareil à
gaz, aller m'y bâtir un garage, m'exposer à briser
des machines plus coûteuses qu'aucun automobile : mais à la condition que ce soit pour un but
déterminé.

Je dis : « A la condition que ce soit pour un but
déterminé ». Car si j'atteins ce but, j'entends que
là-dessus tous mes critiques désarment. Autrement, je pourrais aller jusqu'à la lune et en revenir, sans avoir rien fait au jugement de mes critiques ni — dans une moindre mesure peut-être —
au sentiment du public qu'ils cherchent à in-
fluencer.

C'est là surtout ce qui explique que j'aie tenu à
gagner des prix. J'ai toujours pensé qu'un effort
spécial, quand il aboutit, ne saurait avoir de plus
rationnelle consécration qu'un prix en numéraire
L'esprit du public fait les rapprochements qui s'im-
posent. Quand il voit décerner un prix de valeur,
il se dit qu'il a fallu faire quelque chose pour le
mériter.

C'est dans l'espoir d'en mériter un que j'attendis
longtemps à Londres et à New-York. Cependant,
après avoir goûté tous les charmes de la société et

Le Nº 9. M. Santos-Dumont vient prendre le café chez lui.

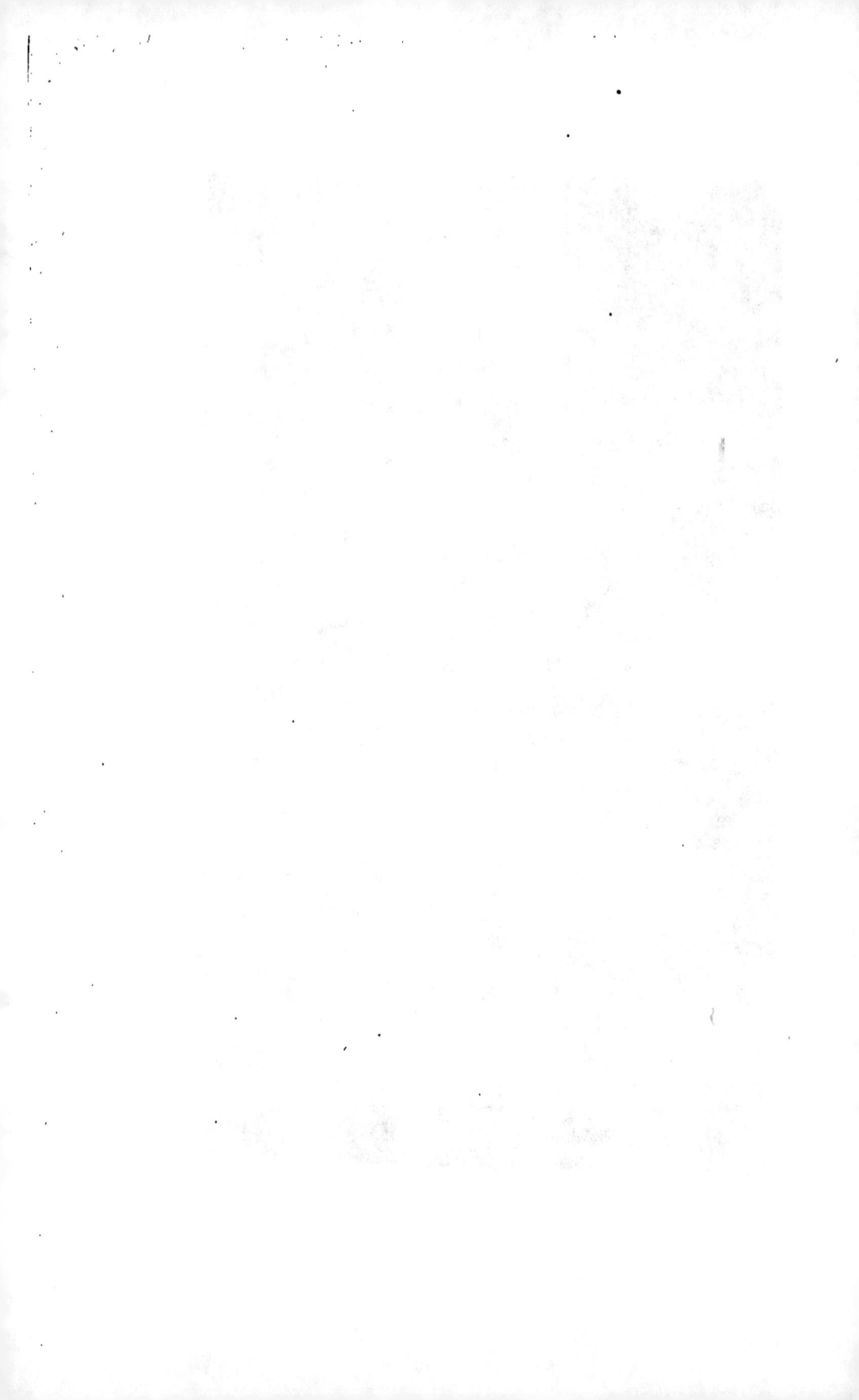

tous les agréments du tourisme, comme on ne
passait jamais des paroles aux actes, je revins à
mon travail et à mon plaisir, dans ce Paris que
j'appelle mon « chez moi ».

Et réellement, il n'est pas, somme toute, de lieu
comme Paris pour les expériences d'aéronefs; il
n'en est pas où l'expérimentateur, dans ses rapports
avec l'autorité, de quelque ordre qu'elle soit,
puisse se flatter de trouver des dispositions aussi
libérales.

Le développement de l'automobilisme nous en
offre une preuve. On admettra, j'imagine, que
cette grande industrie, si particulièrement française,
aurait eu quelque peine à se développer sans les
autorisations de vitesse accordées dans un large
esprit par les autorités françaises. Lorsqu'en 1903
l'Angleterre se trouva désignée à son tour pour
servir de champ à l'épreuve de la Coupe créée par
M. Gordon Bennett, les automobilistes mirent vai-
nement en jeu les plus hautes influences, tant
sociales qu'industrielles; il ne leur fut pas permis
un seul jour de fermer au public, pour leur commodité, leurs magnifiques routes. Si bien qu'il
fallut transporter la course en Irlande.

En France, et nulle part ailleurs qu'en France,
non seulement les pouvoirs publics, mais la grande
masse des citoyens, sont tellement pénétrés de l'intérêt qu'il y a pour tous à favoriser le développement

de cette industrie nationale, que, chaque jour de l'année régulièrement, 10.000 automobiles peuvent sans difficulté circuler sur les routes, à une allure vraiment dangereuse. A Paris spécialement, tel est le nombre de ceux que l'on voit filer à toute vitesse au Bois, sur les avenues, jusque dans les rues, que les touristes de New-York et de Londres en restent terrifiés.

Dans le même ordre d'idées, je puis constater à cette place que, malgré les terribles accidents d'aéronefs de l'année 1902, je n'ai pas été une fois, ni d'aucune manière, gêné ou limité dans mes expériences par l'autorité parisienne. Quant au public, où que je descende avec mon aéronef, que ce soit sur les routes suburbaines, dans les jardins privés des grandes villas, dans les avenues, dans les parcs, sur les places publiques de la capitale, je trouve invariablement auprès de lui assistance sympathique, protection et enthousiasme.

Depuis cette première circonstance mémorable où de grands garçons qui jouaient au cerf-volant à Bagatelle saisirent mon guide-rope et mirent, à m'épargner une chute fâcheuse, autant de promptitude et d'à-propos qu'ils en avaient mis à saisir l'idée de me tirer contre le vent; — depuis cette heure critique d'un jour de l'été de 1901 où, tentant pour la première fois la chance du prix Deutsch, je dus redescendre pour réparer mon gouvernail, et où de braves ouvriers parisiens surent trouver une échelle en moins de temps qu'il n'en faut pour l'écrire ; — jusqu'aux jours mêmes où nous voici et où, quotidiennement, je vais me promener au Bois sur mon petit n° 9, l'amitié de l'intelligente foule parisienne m'est fidèlement restée acquise.

Pour un expérimentateur d'aéronef, c'est, je n'ai pas besoin de le dire, un appoint précieux que la confiance et l'amicale assistance de toute une population. N'a-t-on pas, au-dessus de certaines frontières européennes, tiré des coups de feu sur des ballons sphériques! Pour ma part, je me suis souvent demandé quelle sorte d'accueil rencontreraient mes aéronefs en Angleterre même, dans les districts ruraux.

Ce sont quelques-unes des raisons, parmi cent autres, qui me font trouver à Paris mon « chez-moi » et celui de mon aéronef. Tout enfant, au Brésil, je laissais mon cœur se tourner vers la Ville-Lumière au-dessus de laquelle, en 1783, la première montgolfière avait pris son essor ; où le premier aéronaute a fait sa première ascension ; où avait été lancé le premier ballon à l'hydrogène ; où un aéronef avait, pour la première fois, navigué dans l'air, avec sa machine à vapeur, son propulseur à hélice et son gouvernail.

Jeune homme, j'ai effectué à Paris ma première ascension. A Paris, j'ai trouvé des constructeurs

d'aérostats, des fabricants de moteurs, des mécaniciens, tous aussi patients qu'adroits. A Paris,
j'ai fait toutes mes premières expériences. A Paris,
j'ai gagné le prix Deutsch dans le premier dirigeable qui ait exécuté en temps limité les conditions d'un programme. Et maintenant que j'ai non
seulement mon aéronef de course mais mon aéronef
de promenade, avec lequel je joue, en quelque sorte,
à voler par-dessus les arbres de Paris, c'est à
Paris que je goûte aussi, comme ma récompense,
la douceur d'être ce qu'une fois l'on m'a reproché :
« Un sportsman de l'aérostation ».

M. Santos-Dumont vient, avec son N° 9, à la revue du 14 Juillet 1903, saluer le Président de la République.

FABLE

EN MANIÈRE DE CONCLUSION

TOUJOURS LES RAISONNEMENTS D'ENFANTS

Voici des années que, dans la campagne brésilienne, deux gamins ingénus, Luis et Pedro,
dont nous avons, au début de ce livre, surpris la
discussion, allaient raisonnant d'inventions mécaniques. Tous deux sont à Paris depuis quelque
temps. Ils étaient là quand je gagnai le prix de
navigation aérienne. Ils passèrent à Monte-Carlo
l'hiver de 1901-1902. Ils avaient de bonnes places
à la revue du 14 juillet 1903. Une pratique assidue
des publications scientifiques et la lecture des quoti-

29.

diens ont notablement accru leurs connaissances. Ils se disposent aujourd'hui à rentrer au Brésil.

Un de ces derniers jours, assis sur la terrasse de la Cascade au bois de Boulogne, ils agitaient le problème de la navigation aérienne.

— Ces tentatives avec ce qu'on appelle des dirigeables ne peuvent nous rapprocher d'une solution, dit Pedro. Voyez : ils sont remplis d'une substance, l'hydrogène, quatorze fois plus légère que l'air dans lequel ils flottent. On ne fait pourtant pas passer une chandelle au travers d'un mur en briques.

— Pedro, demanda Luis, vous rappelez-vous vos objections contre mes roues de charrette?

. . . .

— Contre ma locomotive?

. . . .

— Contre le bateau à vapeur?

— Notre seul espoir de naviguer dans l'air, continua Pedro, sans répondre à ces interruptions, nous devons le chercher dans la nature des choses, dans le « plus lourd que l'air », dans la machine volante ou aéroplane. Raisonnez par analogie. Regardez l'oiseau...

— Vous m'avez, une fois, conseillé de regarder le poisson, fit Luis. Vous en souvient-il? Vous me disiez que le bateau à vapeur doit pouvoir se tortiller dans l'eau...

— Soyez sérieux, Luis, trancha Pedro. Procédez
de bon sens. Est-ce que l'homme vole? Non. Est-
ce que l'oiseau vole? Oui. Si donc l'homme veut
voler, qu'il imite l'oiseau. La Nature a fait l'oiseau.
Et la Nature est infaillible.....

TABLE DES MATIÈRES

IMPRIMÉ

PAR

LOUIS MARETHEUX

1, RUE CASSETTE

PARIS

Paris. — L. MARETHEUX, imp.

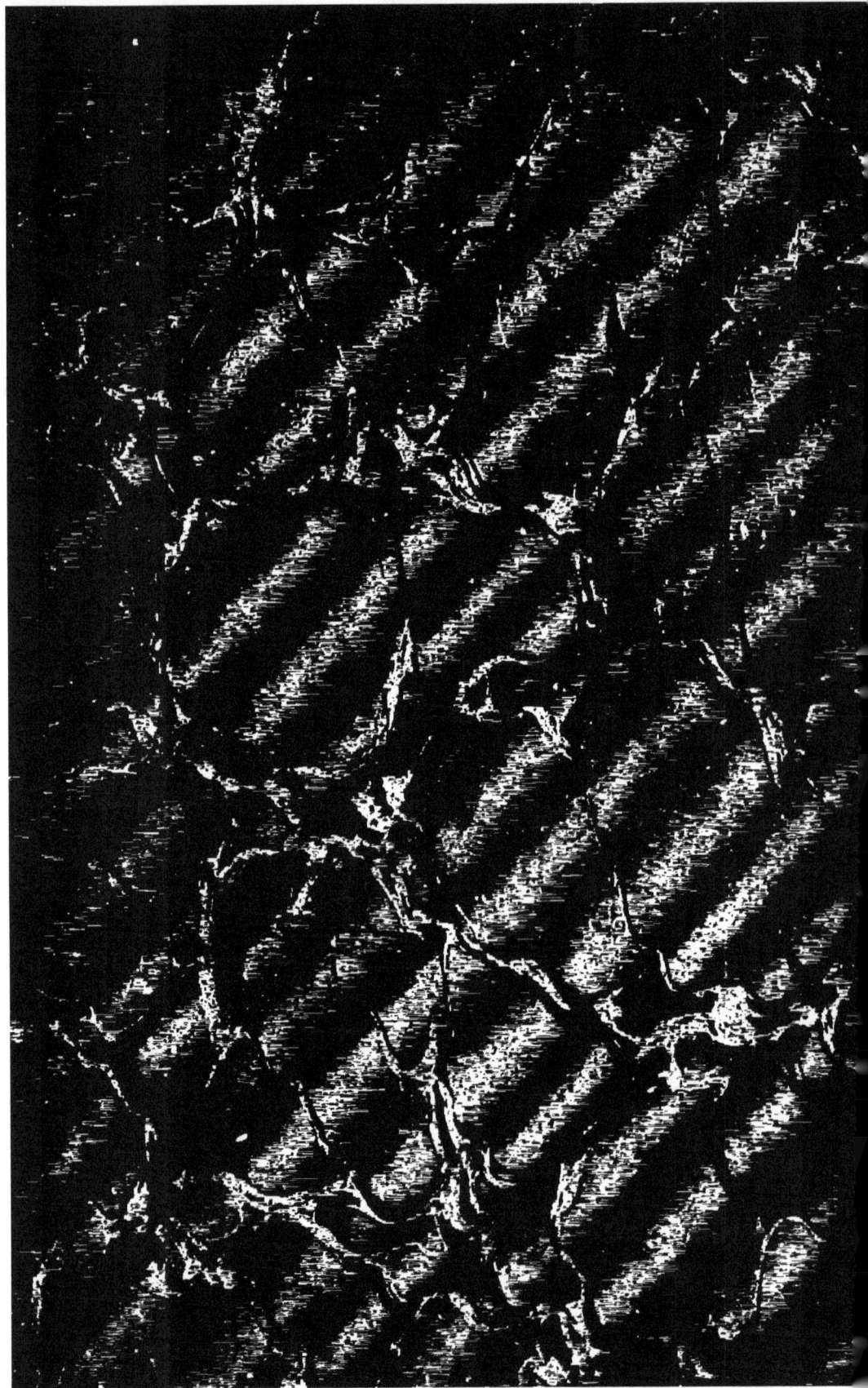